"十二五"国家重点图书出版规划项目
新闻出版改革发展项目库入库项目
上海市新闻出版专项资金资助项目

吴启迪 主编

中国工程师史

第一卷

天工开物：
古代工匠传统与工程成就

同济大学 出版社
TONGJI UNIVERSITY PRESS

工程师：造福人类，创造未来
（代序）

    工程是人类为了改善生存、生活条件，并根据当时对自然规律的认识，而进行的一项物化劳动的过程。它早于科学，并成为科学诞生的一个源头。

    工程实践与人类生存息息相关。从狩猎捕鱼、刀耕火种时的木制、石制工具到搭巢挖穴、造屋筑楼而居；从兴建市镇到修路搭桥，乘坐马车、帆船。工程在推动古代社会生产发展的过程中，能工巧匠的睿智和经验发挥了核心作用。工程实践在古代社会主要依靠的是能工巧匠的"手工"方式，而在近现代社会主要依靠的是"大工业"方式和机械化、电气化、智能化的手段。从铁路横贯大陆，大桥飞架山脊、江河，以至巨舰越洋、飞机穿梭；从各种机械、自动化生产线到各种电视电话、计算机互联网的信息化，现代社会的工程师（包括设计工程师、研发工程师、管理工程师、生产工程师等）凭借其卓越的才华和超凡的技术能力，塑造出一项项伟大的工程奇迹。可以说，古往今来人类所拥有的丰富多彩的世界，以及所享受的物质文明和精神文明，都少不了他们的伟大创造。工程师是一个崇高而伟大的群体，他们所从事的职业理应受到人们的赞美和敬佩。

    工程师是现代社会新生产力的重要创造者，也是新兴产业的积极开拓者。国家主席习近平在"2014年国际工程科技大会"上指出："回顾人类文明历史，人类生存与社会生产力发展水平密切相关，而社会生产力发展的一个重要源头就是工程科技。"近代以来，工程科技更直接地把科学发现同产业发展联系在一起，成为经济社会发展的主要驱动力。是蒸汽机引发了第一次产业革命（由手工劳动向机器化大生产转变），电机和化工引发了第二次产业革命（人类进入了电气化、原子能、航空航天时代），信息技术引发了第三次产业革命（从工业化向自动化、智能化转变）。工程科技的每一次重大突破，都会催发社会生产力的深刻变革，从而推动人类文明迈向新的更高的台阶。在创新驱动发展的历史进程中，人是最活跃的因素，现代社会中生产力的发展日新月异，工程师是新生产力的重要创造者。

中国工程师的历史源远流长，古代能工巧匠和现代工程大师的丰功伟业值得敬重和颂扬。中华民族的勤劳智慧，创造出辉煌灿烂的古代文明，建造了像万里长城、都江堰、赵州桥、京杭大运河等伟大工程。幅员辽阔的中华大地涌现出众多的能工巧匠。伴随着近代工程和工业事业的发展，清朝末期设立制造局、船政局，以及开办煤矿、建造铁路、创办工厂、铺设公路、架构桥梁等，成长了一大批现代意义上的中国工程师。这些历史上的工程泰斗、工程大师都应该被历史铭记、颂扬，都应当为后人所崇敬和学习。当然，自新中国成立特别是改革开放三十多年来，中国经济社会快速发展，当代工程巨匠和工程大师功不可没，也都得到了党和国家领导人的充分肯定和高度赞扬。"'两弹一星'、载人航天、探月工程等一大批重大工程科技成就，大幅度提升了中国的综合国力和国际地位。三峡工程、西气东输、西电东送、南水北调、青藏铁路、高速铁路等一大批重大工程的建设成功，大幅度提升了中国的基础工业、制造业、新兴产业等领域的创新能力和水平，加快了中国现代化进程。"他们是国家工业化、现代化建设的功臣，他们的光辉业绩及其工程创新能力、卓越奉献精神，赢得了全国人民的尊重。

中国工程师正肩负着推动中国从制造大国转向制造强国和实现创新驱动发展的历史使命。人类的工程实践，特别是制造工程，是国民经济的主体，是立国之本、兴国之器、国之脊梁。当前，新一轮科技革命和产业革命正在孕育兴起，全球制造业面临重新洗牌，国际竞争格局由此将发生重大调整。德国推出"工业4.0"，美国实施"工业互联网"战略，法国出台"新工业法国"计划，日本公布《2015年版制造白皮书》，谋求在技术、产业方面继续保持领先优势，占据高端制造全球价值链的有利地位。可喜的是，中国版的"工业4.0"规划——《中国制造2025》已于2015年5月8日公布，开启了未来30年中国从制造大国迈向制造强国的征程，同时也为中国工程师提供了大显身手、大展宏图的极好机遇。另一方面，要充分认识到不恰当的工程活动，常常会带来巨大的生态、社会风险。工程师不能只注重技术，而忽视生态环境和文化传统。中国的工程师要有哲学思维、人文知识和企业家精神，才能更好地解决工程科技难题，促进工程与环境、人文、社会、生态之间的和谐，为构建和谐社会和实现人与自然的可持续发展做出应有的贡献。

经济结构调整升级、建设创新型国家，呼唤数以百万、千万计的卓越工程师和各类工程技术人员。没有强大的工程能力，没有优秀的工程人才，就没有国家和民族的强盛。工程科学技术对国家经济社会发展和国家安全有着最直接的重大影响，是将科学知识转化为现实生产力和社会财富的关键性生产要素，工程科技的自主创新是建设创新型国家的核心。改革开放三十多年来，我国从大规模引进国外先进技术和装备逐步走向自主创新，在一些领域已经接近或达到世界先进水平，大大提高了产业竞争力，促进了经济社会的快速发展。但不可否认，我国自主创新特别是原创力还不强，关键领域核心技术受制于人的格局没有从根本上改变。我们要大力实施创新驱动发展战略。在 2030 年前，中国正处于建设制造强国的关键战略时期，需要一大批具有国际视野、创新能力和多学科交叉融合的创新型、复合型、应用型、技能型工程科技人才。面对新形势新任务，能否为建设制造强国培养出各类高素质的工程科技后备人才，能否用全球视野和战略眼光引领并带动新一轮中国制造业在全球竞争中脱颖而出，是中国工程教育不可回避的时代命题。

培养和造就千千万万优秀的年轻工程科技人才，已成为事关国家兴旺发达、刻不容缓的重大战略任务。

  吴启迪教授组织编写这部《中国工程师史》正当其时，用短短几十万字尝试记录中国工程与工程师的发展历程及工程教育发展若干重要片段，展示中国工程师的智慧和创造力，体现他们的爱国情怀和自强不息精神，诉说其对中国梦的执著追求，实属难能可贵。《中国工程师史》不仅是一部应时之作，其宗旨是充分发挥在"存史""导学""咨政"等方面的价值，以使广大读者"以史为鉴"，全面了解重大工程及工程发展背后工程师的睿智才能和奉献精神，认识到工程师的工程实践是推动人类文明进步的重要力量。希望莘莘学子及相关领域工作者能够以此为"通识教材"，通古知今、把握未来，深刻理解工程技术是创新的源泉，立志为建设创新型国家和中华民族的振兴添砖加瓦。各级政府和教育行政部门也可以此为"咨询材料"，为加强工程教育和工程科技制定出更有针对性、适应性的政策措施。

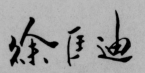

2016 年 4 月 1 日

前言

习近平总书记在"2014 年国际工程科技大会"上明确指出，"回顾人类文明历史，人类生存与社会生产力发展水平密切相关，而社会生产力发展的一个重要源头就是工程科技。工程造福人类，科技创造未来。工程科技是改变世界的重要力量，它源于生活需要，又归于生活之中。历史证明，工程科技创新驱动着历史车轮飞速旋转，为人类文明进步提供了不竭动力源泉，推动人类从蒙昧走向文明，从游牧文明走向农业文明、工业文明，走向信息化时代。"[1]

温故而知新。古往今来，人类创造了无数的工程奇迹，每一项工程都倾注了许许多多能工巧匠和工程大师的睿智才华和辛劳汗水。不仅国外有古埃及金字塔、古希腊帕提农神庙、古罗马斗兽场、印第安人太阳神庙、柬埔寨吴哥窟、印度泰姬陵等古代建筑奇迹，中国也有冶金、造纸、建筑、舟桥等方面的重大技术创造，并构筑了万里长城、都江堰、京杭大运河等重大工程，这些已载入人类文明发展的史册。然而，这一项项工程的缔造者多数并不为人所知，他们的聪明才智、卓著功勋和艰苦卓绝的奉献精神也常常被人忽视。世界强国的兴衰史和中华民族的奋斗史一再表明，没有强大的工程能力，没有优秀的工程人才，就没有国家和民族的强盛。

1　习近平出席 2014 年国际工程科技大会并发表主旨演讲 [N]. 人民日报，2014-06-04（1）.

在中国，现代意义上的工程师，是洋务运动时期开始出现的。我国在清朝末期，设立制造局、船政局，以及织造、火柴、造纸等工厂，并且开发煤矿、建造铁路，近代工程事业和近代工业开始有了雏形，一批批工程师也随之成长起来。如自筑铁路的先驱詹天佑、江南制造局开创者容闳、一代工程巨子凌鸿勋、机械工业奠基人支秉渊、桥梁大师茅以升、化学工程师侯德榜、滇缅公路英雄工程师段纬和陈体诚等。

中国工程师，作为一个为社会发展与人民福祉做出巨大贡献的职业群体，随着近现代产业革命和经济发展的进程而逐步形成、发展并壮大。新中国成立特别是改革开放30多年来，中国的工程实践和创新再创辉煌。在一些基础工程（如土木、桥梁和道路）方面，中国的工程师已经具备世界一流的设计制造水平，青藏铁路、三峡工程等都是中国工程师自行设计建造的，达到了世界顶级工程水平。我国在航空航天和其他高科技领域更是喜讯频传，载人航天成功，嫦娥奔月顺利，先进战机翱翔蓝天，新型舰艇遨游海洋。高速铁路等一大批重大工程建设成功，大幅提升了中国基础工业、制造业、新兴产业等领域的创新能力和水平，加快了中国现代化进程。同时，载人航天、载人深潜、大型飞机、北斗卫星导航、超级计算机、高铁装备、百万千瓦级发电装备、万米深海石油钻探设备、跨海大桥等一批重大工程和技术装备取得突破，也形成了若干具有国际竞争力的优势产业和骨干企业。持续的技术创新，大大提升了我国制造业的综合竞争力，这一批批重大工程科技成就，也大幅提升了我国的综合国力和国际地位。我国已具备了建设工业强国的基础和条件。

经过几十年的快速发展，无论从经济总量、工业增加值还是主要工业品产量份额来看，中国都名副其实地成为世界经济和制造业大国。但我们应该看到，我国仍处于工业化进程之中，工程能力与先进国家相比还有一定差距；我们清醒地知道，我国仍存在制造业大而不强、自主创新能力弱、关键核心技术与高端装备对外依存度高、以企业为主体的制造业创新体系不完善、资源能源利用效率低、环境污染问题较为突出、产业结构不合理、高端装备制造业和生产性服务业发展滞后等诸多问题，这些都需要提高基础科研和工程能力，加强卓越工程师的培养，大力推进制造强国建设，以及实施创新驱动战略。

没有工程就没有现代文明，不掌握自主知识产权就会丧失发展主动权。李克强总理多次强调，"创新是引领发展的第一动力，必须摆在国家发展全局的核心位置，深入实施创新驱动发展战略"。[1] 工程技术是创新的源泉，是改变生活的最大动力，

---

1 李克强对"创新争先行动"作出重要批示：创新是引领发展的第一动力 [N]. 人民日报，2016-06-01（1）.

工程科技应成为建设创新型国家的原动力，进一步增强自主创新能力。当前，世界新一轮科技革命和产业变革与我国加快转变经济发展方式形成历史性交汇，国际产业分工格局正在重塑。我们必须紧紧抓住这一重大历史机遇，实施制造强国战略，加强统筹规划和前瞻部署，推动信息技术与制造技术的深度融合，提升工程化产业化水平。在积极培育发展战略性新兴产业的同时，加快传统产业的优化升级，推动实施"互联网＋""中国制造2025"等战略，为供给侧结构性改革注入新动力，加快实现新旧动能转换。

制约中国成为世界制造业强国的因素有很多，其中最关键的一个是我国工程科技人才队伍的整体质量和水平与发达国家相比尚有明显差距。建设一支具有国际水平和影响力的工程师队伍，是提升我国综合国力、保障国家安全、建设世界强国的必由之路，是实现中华民族伟大复兴的坚实基础。培养数以千万计的各类工程科技专业优秀后备人才，全面提高和根本改善我国工程科技人才队伍整体素质的重任，历史性地落在中国工程教育身上。

然而，"工程师"职业对广大青少年的吸引力下降的现实令人忧虑。谈到工程师，许多人首先想到的是科学家或企业家。社会在对待企业家、科学家和工程师的问题上出现了明显的"不平衡"。在政策导向和社会舆论多方面，工程师的重大社会作用被严重忽视了，工程师的社会声望被严重低估。究其原因，除了受"学而优则仕""重道轻器""重文轻技"的传统思想和文化积淀的影响外，也与教育和宣传的缺失不无关系。作为生产实践的工程活动及从事工程实践活动的工程师，难免会因此受到某些轻视甚至贬低。

近年来，我国工程教育有了快速发展，在规模上跃居世界第一，成为名副其实的世界工程教育大国。卓越工程师的培养计划和创新人才培养等，也在逐步推动中国工程及中国工程师地位的提升。目前，我国培养的工程师总量是最多的，为之提供的岗位也是最多的，但是社会各界对工程师的重要作用并没有充分的认识。当孩子们被问到长大后想做什么时，很少有人会说想当工程师，甚至学校中出现"逃离工科"的现象。这不能不引起政府、学校和社会各界的担忧和深思。

我们组织编写《中国工程师史》的初衷，就是为了让大众对中国重大工程、工程发展以及工程师的历史地位和作用有更深的认识，对那些逝去的做出卓越贡献的工程师祭慰和敬仰，为那些仍在岗位上默默为国家奉献的工程师讴歌和颂扬。同时，呼吁政府高度重视并充分发挥工程师的作用，努力提高工程师的能力和水平，采取有力措施提高工程师的社会声望和待遇；

进一步加大社会宣传力度，使工程师的价值得到社会和市场越来越多的认同，让工程师这一职业受到人们尊重，并为那些正在选择人生方向的、优秀的年轻群体所向往。也希冀给有志于从事工程事业的青年学子以鼓励和鞭策，因为他们是中国工程事业的未来，是实现中国一代代工程师强国梦的希望。

本书的编写过程是艰难的。我们试图按时序以人物为主线，对我国各个时期的重大工程实践和工程科技创新背后的工程师进行系统梳理，凸显他们的卓越贡献、领导才能和奉献精神。但是，由于时间久远，有些资料的搜集十分困难；有些巨大工程实践和重大工程科技创新是集体智慧和劳动的结晶，梳理和介绍工程师也不容易，所以内容难免不够全面、准确，还请读者不吝指正。但我们相信，本书的出版一定会给读者带来启迪和思考。我们以此抛砖引玉，期待未来有更多相关领域的研究者加入编写队伍，书写更完整的"中国工程师史"。

衷心感谢徐匡迪院士为本书写序，并在编写过程中给予诸多指导和帮助。感谢顾问委员会的各位院士、专家的全力支持，在百忙之中投入大量时间、精力，为本书提出许多宝贵意见。从设想的提出到书稿的成型，同济大学团队付出了极大的心血和努力。在此，特别感谢同济大学常务副校长伍江、副校长江波所做的大量组织统筹工作，感谢相关学院领导的倾力支持，感谢各院系学科带头人及学科组全力协作，做了许多细致的资料收集、整理工作，为全书的编写奠定了重要基础。感谢王昆老师的辛苦组织与统筹，感谢王滨、周克荣、陆金山承担文稿统稿和撰写工作。

感谢同济大学出版社的通力合作，特别是社领导的高度重视和大力支持，组织专业出版团队为本书付出大量心血，感谢责任编辑赵泽毓的不辞辛劳、兢兢业业。同时，也要感谢负责本书装帧设计的袁银昌工作室，投入大量时间，几易其稿，精心设计，才有了本书现在的样貌。最后，感谢所有关心、支持、参与本书编写的各方人士、机构，是大家的同心协力、无私奉献，让本书最终得以呈现。

本书被列入"十二五"国家重点图书出版规划项目，并获得国家出版基金和上海市新闻出版专项基金的资助，在此对有关方面的大力支持一并表示感谢。

本书编委会
2017 年 3 月

目录

中国工程师史 第一卷

第一章

导论

中国工程师史
第一卷

一、工程师的由来及其职业化

1. 从"军事工程师"到"民用工程师"

讲述工程师的历史，首先要从"工程"一词说起。在西方，工程（engineering）一词起源于军事领域，早期军事活动的设施主要是弩炮、云梯、浮桥、碉楼、器械等，这些设施的设计和建造者自然就是"从事工程的人"，即"工程师"（engineer）。可见，最早的工程师是指制造和操作军事机械的人（士兵），或者指挥军队和炮兵的人（军官），也指设计进攻或防御工事的人（工兵）。所以早期的工程师都是军人，"工程"一词即专指"军事工程"。

从词源上，英文"engineer"源于古代中世纪英语 engyneour、古法语 engineur 和中世纪拉丁语 ingeniarus。这些单词的含义均是："能制造使用机械设备，尤其是军械的人。"在中世纪，工程师主要被用来称呼破城槌（battering rams）、抛石机（catapults）和其他军事机械的制造者或操作者，以及精通机械（machinery）的专家。

在汉语中，"工程"一词由来已久，由"工"和"程"两字构成。《说文解字段注》的解释是："工，巧饰也。"又说，"凡善其事者曰工。""程，品也。十发为一程，十程为一分。"品，表示等级、品评。可见，"程"是一种度量单位，引申为定额、进度。"工"和"程"合起来，表示对工作（带技巧性）进度的评判，或工作行进的标准。它与时间有关，表示劳作的过程或结果。中国传统工程的内容主要是土木构筑，如宫室、庙宇、运河、城墙、桥梁、房屋的修建等，强调施工过程，后来也指其结果。而从事各类工程技术的人，又有具体的称呼，如"营造师""建造师"等。

1755 年英国出版的塞缪尔·约翰逊（Samuel Johnson）编写的《英语词典》，将"工程师"定义为"指挥炮兵或军队的人"。1779 年的《大不列颠百科全书》将工程师定义为"一个在军事艺术上，运用数学知识在纸上或地上描绘各种各样的事实以及进攻与防守工作的专家"。1828 年美国出版的诺亚·韦伯斯特（Noah Webster）编写的《美国英语词典》，将"工程师"定义为"有数学和机械技能的人，他们形成进攻或防御的工事计划并划出防御阵地"。世界上第一本"工程手册"诞生于 18 世纪，是供炮兵使用的手册。第一个授予正式工程学位的学校于 1747 年在法国成立，也属于军事范畴。1802 年成立的美国西点军校（Military Academy at West Point）是美国第一所工程学校。[1]

18 世纪中叶，在欧洲一些城市出现了民用的灯塔、道路、供水和卫生系统等，这显然已经超出军事工程的范畴，这些民用的非军事工程虽然隶属于市政部门，但从工程设计到工程实施基本上仍由军事工程师来承担和完成。这个时候还没有民用工程或者土木工程的概念，民用工程只不过是和平时期的军事工程。此外，18 世纪后期有了动力机械后，人们用"工程师"一词来称呼蒸汽机的操作者，如在美国，"engineer"一词用于指操作机械引擎（engine）的人。

到了 18 世纪晚期，工程师和军人的关联开始弱化。英国人约翰·斯米顿（John Smeaton）是第一个称自己为"民用工程师"（civil engineer）的人。1742 年，他到伦敦学习法律，后来加入英国皇家学会，开始研究科学。18 世纪 50 年代后期，他开始从事建筑行业，主持重建了世界第一个建在孤立海礁上的灯塔——艾底斯顿灯塔。1768 年，他开始称自己为"civil engineer"，以便从职业来源和工作性质上与传统"军事工程师"相区分。"Civil engineer"可直译为"民用工程师"，但现在则被译为"土木工程师"。"Civil"在词典里的解释为：公民的，市民的；民用的，民间的。在当代，该词与"工程"组合在一起之所以被称为"土木工程"，就是因为当时的民用工程主要是与土木有关的建筑和城市道路建设，民用工程几乎就是土木工程。所以今天，"civil engineering"也就约定俗成指土木工程了。

19 世纪初期，英国伦敦民用工程师学会（The Institute of Civil Engineers of London）将 "civil engineering" 定义为 "驾驭天然力源、供给人类应用与便利之术"。说明当时的工程师重实践，理论尚未完善，故工程还只是 "术"。第一次工业革命之后，机械工程、采矿工程等工程分支相继出现。而随着后续的发展，几乎每次新科技的出现，都会产生一种或几种相应的工程分支及相应从事该工程的工程师。

在现代社会，"工程" 一词有广义和狭义之分。狭义上，工程是指人类有组织、有计划地利用各种资源和相关要素构建和制造人工实践的活动。广义上，工程是指一群人为达到某种目的，在一个较长时间周期内进行协作活动的过程。也可以说，工程是将自然科学和技术的理论应用到各种具体工农业生产部门中的过程总和，如水利工程、化学工程、土木建筑工程、遗传工程、系统工程、生物工程、海洋工程、环境微生物工程等。它更多地反映用较多人力、物力来进行较大而复杂的工作，需要较长时间周期来完成，它既包括如京九铁路工程这样的具体建筑工程，也包括如城市改建工程、"扶贫工程""菜篮子工程" 等各类社会工程实践。当然，本书所涉及的 "工程" 更多是指狭义的 "工程"。

2. 从 "智者" 到 "职业工程师"

若要说工程活动以及工程师的历史，我们首先要追溯到古代。古埃及金字塔、古罗马斗兽场和中国京杭大运河等都是古代社会留存下来的工程奇迹。可以说这些工程的设计、营造和组织者就是人类第一批 "工程师"，只是那时从职业或身份的角度看，担任工程实施任务的组织者和劳动者只能被定性为临时工，他们还不是现代意义上的职业工程师或职业工人。因为在古代，大型工程建设活动只是当时社会的 "暂时状态"，而工匠各自从事个体劳动才是社会的 "常态"。但从另一方面看，古代的工程活动也必须有人进行设计、管理和组织实施，我们有理由将在古代工程活动中从事设计和技术指导与管理工作的人员"追认"为"工程师"——正如"科学家"这个名词迟至 1833 年才出现，但我们仍然可以承认古代也有"科学家"一样。

"工程师"一词最早出现在西方。具体源于何时，西方历史学家也难以判断，只能大致地认为这个概念第一次出现在中世纪中期。同时西方学者长期以来对这个职业群体的界定也是很模糊的。在当代西方，如德国，"工程师"常被用于指工业大学或者应用技术大学的毕业生，也就是说首先是从学历层面来定义工程师的。但从职业标准去定义，工程师应该是指"那些在各个历史时期，从事复杂高难度工程项目的实施和组织管理的人"。按照这个定义，我们可回溯到公元前几千年在世界各地形成的高度发达的古代早期城市文明，因此工程师是一种已经延续了六千年的职业。[1]

在古代词语中，还没有一个合适的词和我们现代意义上的"工程师"或"技术员"相对应，说明当时社会没有对这一人群的自我意识和社会意识做出界定。尽管没有"工程师"这样一个群体性概念，但那些解决实际工程问题的技术实践者或技术专家也有具体的职业名称记载，比如营造师、河道监理等，或者用一个泛指的概念"智者"来表示。这些人的工作主要集中在建筑、采矿、基础设施、测量、军事、造船、运输和水利等领域。在这些领域里，设计、生产、规划、管理和研制等具体工作又造就了不同职业群体，规定了各自不同的职业职责，催生了各种职业名称，这些名称与我们今天所说的"工程师"和"技术人员"大致相符。但遗憾的是，这些人的名字和生平事迹很少有文献记载下来。

职业工程师的出现和形成是近现代社会经济发展、工程活动规模扩大、科学技术进步、社会分工细密的结果。在近现代工程活动中，工匠的职能和职业开始分化，再加上工程教育（特别是高等工程教育）的兴起和发展，现代社会中的工人、工程师、资本家、管

1　瓦尔特·凯泽，沃尔夫冈·科尼希. 工程师史：一种延续六千年的职业 [M]. 顾士渊，孙玉华，胡春春，等，译. 北京：高等教育出版社，2008.

理者等不同的阶级或阶层开始出现并逐渐定型。

现代的工程师通常是按照专业领域来划分的，但某些学科专业相互交叉，难以归类；也可以按照工程活动的职责进行分类，分为研发工程师、构建工程师、操作工程师、质量工程师、监理工程师、造价工程师等；或按注册与否，分为注册工程师和非注册工程师。

3. 中国职业工程师的兴起

在中国，现代意义的工程师是洋务运动时期出现的。伴随着制造局、船政局及纺织、造纸等工厂的建立运行，煤矿的开采、铁路的建造等活动的开展，中国开始有了近代工业的雏形，随之也成长起一批从事工程活动的专业人才。作为一种特殊的工作和职业群体的工程师，就这样随着近现代中国产业和经济发展而逐步分化、形成、成长并发展壮大。

1881 年 1 月，李鸿章等在奏章中称，赴法国学造船回国的郑清濂等已取得"总监工"官凭，这里的"总监工"与"engineer（工程师）"是相对应的。1886 年 1 月，杨昌浚上奏中称："陈兆翱等在英法德比四国专学轮机制法，可派在工程处总司制机。"在清朝官方文件中，"工程师"字样出现于 1883 年 7 月李鸿章的奏折中，他写道："北洋武备学堂铁路总教习德国工程师包尔。"

我国著名近代工程师詹天佑最早在 1888 年由伍廷芳任命为津榆铁路"工程司"，在负责修建京张铁路工程时，他被任命为"总工程司"。这里的"工程司"是相应于某项"工程"的"职司"，既负有技术责任，也有管理的职责。1905 年，詹天佑等主持修建了由中国工程人员自己建造的京张铁路，同时也培养了一批工程技术人员，逐步形成了中国初期的工程师群体。他们开始自称"工程师"。

发展至今，"工程师群体"已经成为我国主要的社会群体之一。

二、工程师的社会地位及社会组织

1. 工程师社会地位的演变

在中国古代，工程师自身的"职业性质"和"职业定位"通常并不明确。工程的具体承担者，无论是营造师或者工匠，其历史地位均处于不断的变化之中。在原始社会晚期，手工业生产尚处于原始形态，工匠只是随着氏族社会内部的分工而出现。奴隶制时期，工匠是被统治的劳动者，金文中所说的"百工"，即指身份近于奴隶的手工业劳动者。封建社会时期，人们将社会职业分为士、农、工、商四大类。在儒家看来，技术都是"奇技淫巧"，工匠的地位不仅低于士人，也低于农民。工匠内部还有平民、半贱民、奴婢等不同等级之分，在漫长、曲折的历史进程中，其身份和地位也在不断变化。尽管部分工程的指挥者具有一定的官位，但他们也只是具备成为优秀工程师潜能的技术官员，"工程师"从来都不是他们的理想，也不是他们的主要身份。这些技术官员的角色往往也是被动的，当政府需要的时候，他们才能成为工程的指挥和建造者；而政府不需要的时候，他们只能改行成为其他领域的官员。

据史书记载，春秋时期已有"食官"（即"吃皇粮"）的百工，他们没有独立的经济地位和生产资料，被集中到官府劳动，受到严格的管理和剥削，其社会地位处于贱民与平民之间。战国时期，在官府内劳动的工匠由两部分人组成：一是平民身份的匠人，二是刑徒和战俘。汉代规定工匠不可充任皇家及政府军营的警卫。北魏时期规定工匠不可读书做官，也不可私立学校教其子女读书。直至唐代，工匠的社会地位依然较低。唐太宗曾言："工商杂色之流，假令术逾侪类，止可厚给财物，必不可超授官秩，与朝贤君子比肩而立，同坐而食。"（《旧唐书·曹确传》）唐高宗时还有"工商不得骑马"

的规定。自秦至唐的手工业作坊，普遍还有使用刑徒、奴婢劳动的现象，如汉代的铁官徒，南北朝时期的"锁士"等。自唐代中期开始，封建社会经济制度逐渐转变，商品生产得到空前发展，工匠的社会地位也开始逐步提高。宋代时期，手工业中使用奴婢劳动的现象明显减少，雇工劳动逐渐得到发展和普及。明中期以后，许多工匠已具有真正的平民身份，积极参与各种民间社会活动，并形成了代表自己利益的行帮组织。

近现代以来，世界的物质面貌经历了翻天覆地的变化，其中，工程师发挥着无可置疑的关键性作用。然而不可否认的是，工程师的社会地位与社会作用往往被忽视或低估。1980年，英国发表了《芬尼斯通报告》(The Finniston Report)。该报告尖锐地指出，尽管工程师对社会福利和财富有很大贡献，可是他们仍未获得社会应有的承认。美国工程院的一项调查表明：许多人难以区分科学家、技术员和工程师，不能自然而然地把工程与技术创新联系起来。人们只承认科学的创造性，而严重低估甚至否认工程活动的创造性。技术不过是科学的应用，工程不过是技术的应用，工程的独立性被忽视，成为科学的附属品。在当今中国，此类现象也同样存在。由于"道器分途，重士轻工""学而优则仕"等传统观念的影响，工程师未能成为对青少年具有强大吸引力的职业，"逃离工科"的现象近年来愈演愈烈。这些现象已经引起了我国工程界专家、学者的忧虑。

2. 工程师的社会组织与身份认同

工程师社会组织的出现是工业革命的产物。1765年前后，在英国伯明翰出现了"月光社(Lunar Society)"，它是由生物进化论的提出者查尔斯·达尔文的祖父伊拉斯谟斯·达尔文和外祖父约书亚·威治伍德创立的。当时正值英国工业革命初期，一些著名科学家、工程师和实业家都是该团体的成员。每到月圆之夜，大家聚集一堂谈论最新的工业成果及相关问题。可以说，"月光社"就是最初的工程师组织。

如今，世界各国都有自己的工程师组织，仅美国就有 80 多个工程师职业组织。这些组织可分为三大类：第一类被称为伞形组织，它吸收所有工程师或所有工程社团；第二类是各工程学科社团，它们偏重学术和研究领域，主要关注各自工程领域内的技术知识的进步；第三类是更加专业化的工程社团，这类社团更注重工程知识在产业或制造业中的应用。工程师组织通过举办博览会、技术会议，出版专业杂志，进行教育培训等方式，促进会员职业发展，不仅包括专业知识和技能的提高，也包括职业道德的发展。工程师通过加入协会，参加协会活动，为社会提供各种服务，同时加深职业精神和意识，为维护和提高工程师社会地位做出贡献。

中国早在明清时期，便已出现古代工匠的社会组织，如匠帮、行帮等。清末民初，近代工程事业逐渐起步，工程师组织也随之诞生。1912 年，詹天佑在主持粤汉铁路工程期间，在广州创立中华工程学会。后与中华工学会、路工同人共济会合并，改名为中华工程师学会。

新中国成立后，我国大陆没有统一设立工程职业组织，而是在中国科协下设有几十个专业工科学会，如中国机械工程学会、中国电机工程学会、中国计算机学会等。1994 年，中国工程院正式成立，设立 9 个学部，产生了第一批 96 名院士。目前，以工程师为基础的国家级学会中，有 64 个属于工科学会（占中国科协所属 167 个理工农医学会的 38%），拥有会员 180 万人。作为现代工程活动的核心，工程师将被赋予更多社会责任，工程师群体也将对推进我国迈入世界强国起到积极和重要的作用。

中国工程师史 第一卷

古代工匠传统及工程活动

一、古代工程的兴起及工程组织者

1. 工匠——古代工程实践的承担者

从广义上讲，中国古代早期的工匠就是中国第一批工程师。

早在新石器时期，先民们就会用间接打击的方法制作各种不同形状的石质器具。到距今 4 000 年以前的仰韶文化和龙山文化时期，产生了制陶工艺。仰韶文化晚期，古人发明了慢轮制陶法；到了龙山文化时期，发展为快轮制陶法。用这种方法制出的陶器，形制规整，厚薄均匀。陶坯初型制出以后，要用骨刀、锥子、拍子进行修削、压磨、压印等精细加工，有时还要用陶土调成泥浆，施于陶器表面，烧成后器表会形成一层红、棕、白等颜色的陶衣。制陶这样细致又繁复的劳动，显然不是所有社会成员都能参与的。手工业生产已开始成为少数有技术专长的人所从事的主要劳动。这些拥有技术专长，且富有创造性的劳动者就是早期的工匠。当时的手工业生产还处于原始形态，人们从事手工业劳动并不受任何统治与剥削，工匠的出现只是因为氏族社会内部的分工。

到原始社会晚期，有了部落联盟，氏族之间也产生了手工业生产的分工。据《礼记·曲礼》记载："天子之六工，曰土工、金工、石工、木工、兽工、草工，典制六材。"就是说，当时的六种工匠是土工、金工、石工、木工、兽工、草工，分别负责制作陶器、铁器、石器、木器、皮具和草编等六种材质的器物。至周代，手工业分工更细，有"百工"之称。春秋战国时的经济是以手工业和商业为基础的，各种工匠中尤以手工业工匠为多。《考工记》中将手工业工匠分为木工、金工、皮革工、设色工、刮磨工、陶工等 6 大类 30 个工种。《墨子·节用》中提到："凡天下群工，轮、车、鞲、鞄、陶、冶、梓匠。"这里的"梓匠"即木工。当时的木工已使用规矩准绳，用来进行取圆、定平、校直等操作。百工从事工程也有了自己的规范和方法，《墨子·法仪》引墨子之言："百工为方以矩，为圆以规，直以绳，正以县，平以水。无巧工、不巧工，皆以此五者为法。巧者能中之，不巧者虽不能中，放依以从事，犹愈己。故百工从事，皆有法所度。"

随着私有制和国家的出现，工匠成为被统治的劳动者。奴隶制时代工匠的地位是近于奴隶的手工业劳动者，其后的封建社会，"重本轻末"政策则使工匠的社会地位更为低下。

在诸侯混战中一些小国被吞并，国内原有的工匠流落各地后，转化为独立经营的民间工匠，他们有的定居于市旁，出售自己生产的产品，有的则靠手艺游食于四方。战国时期各国都愿意招留外来的工匠。当时民间工匠已经活跃起来并受到社会的重视，具有自由民的身份。

2. 官匠与民匠——古代工匠的两种类型

随着统治者的权力越来越大，工匠也逐渐分化为两种类型：官匠与民匠。服役于官府时称为官方工匠，在家为自己劳动时称为民间工匠。

官匠的劳动产品一般不上市流通，其目的是满足统治者及官僚机构的需要，做工不计成本，不求利润。民匠所从事的主要是商品性质的生产劳动，其产品主要供商品交换使用。

中国古代官匠传统可以追溯到三千多年前的商代。在殷墟遗址中，考古学者发现有官府作坊。先秦文献中也有"处工就官府"和"工商食官"的记载。秦代建立了庞大的官工业生产体系，众多民间工匠被征招到官营作坊和官办工程中劳动，仅参加秦始皇陵兵马俑制作的陶工，就有近千名之多，这可能囊括了当时秦始皇权力所及范围内的大部分制陶名匠。先秦时期文献中所记载的"百工"在"工师"率领下所从事的劳动就是官匠的劳动。

明代以后，官府开始大兴土木，各地工匠有了大显身手和加官进爵的机会，很多"官匠"就演变为"工官"。不过由于封建社会历来对劳动者轻视，虽然当时出现了不少建筑杰作，但完成这些工程的建筑师们却很难青史留名，他们的技艺和业绩也就此消失在历史的迷雾中。只有少数身带官衔的工程技术人员，才略有记载。

工官与工匠在身份认同和手工艺操作水平上均存在差异。工官偏重对大型工程建设的宏观把握以及工程的施工管理；工匠因为熟悉建造技艺，能更合理地安排人员、流程和工序，有效地提升实施效率，一定程度上促进了营造工艺的发展。他们都可被视为现代工程师的雏形。

民间工匠的劳作是中国古代"男耕女织"的自然经济结构之中最为典型的一种劳作类型。他们都是有专业技能的手工劳动者，靠手艺从事劳动，维持生活，即所谓"技艺之士，资在于手""百技所成，所以养一人也"。民间工匠的另一种劳动经营方式是在市镇设立店铺。在官府的管理下，他们按工种类别沿街排列，集劳作、居住和经营点为一体。《论语·子张》中说："百工居肆，以成其事。"这里的"百工居肆"就是指工肆制度。工肆制度是将同行业的店铺聚集于一定地点，或一街或一巷，以便生产和交易。这种方式后来形成惯例延续下来，至今仍有遗迹可寻。

3. 帝王——古代工程实践的指挥者

秦始皇像

尽管古代的大型工程是由工匠承担的，但不能否认帝王在工程决策和指挥中所发挥的作用，这也是中国古代工程实践的显著特点之一。中国古代的帝王经常是工程实践的决策者、参与者，甚至是直接指挥者。

帝王指导工程建设，最为典型的要数秦始皇。秦始皇（公元前259—前210）13岁继承王位，39岁称帝，在位37年。他不仅是首位完成华夏大一统的政治人物，在工程方面也颇有建树，主持修筑了万里长城、灵渠、秦驰道、秦始皇陵等重大工程。

秦朝统一中国后，由于多年的战争，原各诸侯国

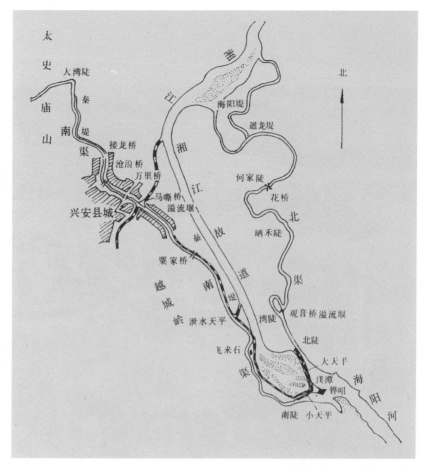

灵渠走向示意图

的农业设施受到很大的破坏，为尽快恢复农业生产，秦始皇组织了相当大的人力来疏通河道，修复水渠和灌溉农田。为方便运送征讨岭南所需的军队和物资，他命史禄开凿河渠以连通属长江水系的湘江和属珠江水系的漓江。这条运河又称灵渠，是世界上最古老的运河之一，自贯通后两千多年来一直是岭南与中原地区之间的水路交通要道。

位于广西兴安的灵渠
（摄于 1972 年）

秦始皇即位不久，便开始派人设计建造秦始皇陵，直至他 50 岁（公元前 210 年）病逝下葬，他的儿子秦二世又接着施工两年才完工，前后费时近四十年，每年用工七十多万人，可谓工程浩大。留存至今的秦始皇陵从外围

秦始皇陵出土的兵马俑群像

航拍西安秦始皇陵

看周长 2 000 米,高达 55 米。据史书记载,其内部建造得极其奢华,以铜铸顶,以水银为河流湖海,并且满布机关,顶上有明珠做的日月星辰。仅从陪葬的兵马俑数量,就可看出当年这座陵墓的规模之大。

4. 工部——古代工程的组织管理机构

我国古代的工程大都是由官府组织实施的,具体执行者就是略懂科技的"士"阶层,他们大部分是通过科举考试而成为官僚集团的一分子,并由于统治的需要而钻研科学技术。西汉时,一般都是由将帅来担任大匠,由少府等来分掌工程、苑囿等事宜。这一制度到了西汉后期有了很大的变化。汉成帝设置的尚书官位由四人组成,称为"四曹"。其中,民曹尚书专门负责工程事务,掌管缮治、功作、监池、苑、囿等工作。魏晋南北朝时期,魏以左民尚书负责工程。晋以后,尚书负责屯田、起部(负责工程)、水部(负责航政、水利)等与工程活动有关的部门,所掌均属工务范围。北齐以祠部尚书辖屯田、起部,以都官尚书辖水部。

隋朝时,工程建设的制度又有所改变。隋文帝开始,确定了六部制度，首次设立了工部，即负责工程、工匠、屯田、水利、交通等事务的行政机构。其主官为工部尚书。隋炀帝时以侍郎为次官，后为历代沿袭。比如明代，每逢大工程，工部都要派侍郎、郎中等亲自督办。在工程建设的人力使用上，军队占很大的比例，而技术官僚在接受朝廷公共工程职位任命的同时，也会在各方面得到朝廷的大力支持。有学者考证指出，《考工记》就是一部齐国的官书，即齐国官方制定的指导、监督和考核官府手工业、工匠劳动制度的典籍。

清光绪二十九年（1903年），政府设立了商部。光绪三十二年（1906年），又将工部并入商部，易名为农工商部。工部原管辖的部分职能划入民政、度支、陆军等部。

总之，自隋朝起，"工部"长期作为管理全国工程事务的机关，职掌"土木兴建之制，器物利用之式，渠堰疏降之法，陵寝供亿之典。凡全国之土木、水利工程，机器制造工程，矿冶、纺织等官办工业无不综理"。

二、著名工匠发明及其工程实践

1. 工程视角的古代四大发明

（1）从造纸术到造纸工程

我国是世界公认的最早发明造纸术的国家。在造纸术发明之前，人们用龟甲、兽骨、金石、竹简、木牍、缣帛等材料记事。东汉时期，蔡伦革新了造纸技术，制造出价格低廉、易于书写的纸，人称"蔡侯纸"。

蔡伦（63—121），字敬仲，桂阳（今湖南耒阳）人。东汉明帝永平末年，蔡伦进京做了宦官。他有才学，肯钻研，深得汉和帝信任，后升任尚方令，掌管王室工场，负责监造各种器械。当时用缣帛书写，价格十分昂贵，而用竹木简又太笨重。蔡伦总结了民间的造纸经验，在工匠们的共同努力下，革新了造纸工艺，并得到了皇帝的赞扬，下令将这种新的造纸术推广到全国。

蔡伦的造纸工艺流程，大体上是把麻头、破布等原料先用水浸，使它润胀，再用斧头切碎，用水洗涤。然后用草木灰水浸透并且蒸煮，这可以说是后世碱法化学制浆过程的发端。通过碱液蒸煮，原料中的木素、果胶、色素、油脂等杂质进一步被除去，原料用清水漂洗后，就加以春捣。捣碎后的细纤维用水配成悬浮的浆液，再用漏水的纸模捞取纸浆，经脱水、干燥后就成纸张。如果纸表皱涩，还要研光，方能书写。其中有两个关键技术：一是用化学方法把纤维原料中的非纤维素成分去掉，再用强力春捣使纯纤维素大分子

蔡伦像

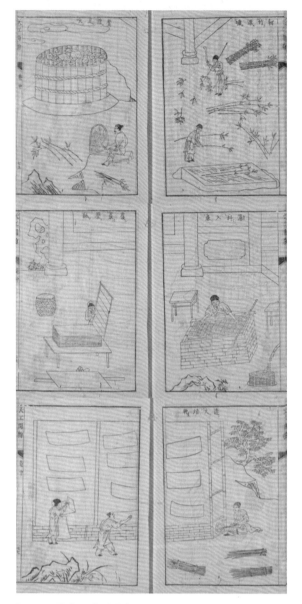

《天工开物》所载造竹纸工艺图

被切短和分丝；二是设计出一种多孔的平面筛，使纸浆能在筛面上滞流，把大部分水滤出后，含少量水的纤维便留在筛面上，再经干燥脱水，就构成一张有一定机械强度的纸。这种平面筛就是抄纸器，是现代长网和圆网造纸机的雏形。

自从蔡伦改进了造纸技术，扩大了造纸原料，提高了纸张质量，造纸工程便在全国迅速发展。造纸业从纺织业中分化出来，成为一个独立的手工业部门。纸张也逐渐取代了帛、简，成为唯一的书写材料，大大促进了我国科学文化的传播和发展。

（2）从印刷术到印刷工程

公元 4 世纪左右，我国已产生了最原始的印刷方法——"拓石"，即以湿纸紧覆在石碑上，用墨打拓其文字或图形，从而在纸上留下黑底白字或图形的记录。后来，又将刻在石碑上的文字，刻在木板上，再进行传拓。石刻文字是阴文正写，这就提供了从阴文正写取得正字的复制技术。使用印章的方法是盖印，将印章先蘸色，再印到纸上，尤其是使用阳文印章时，印在纸上的是白底黑字，更清晰易读。因此，如果将碑上阴文正写的字，仿照印章的方法，换成阳文反写的字，在版上刷墨再转印到纸上，或者扩大印章的面积，使它成为一块小木板，在板上刷墨铺纸，仿照拓石方法来拓印，就能得到清晰的白底黑字，这就是雕版印刷法。

雕版印刷很早就和人民大众的生产、生活有着密切联系。最初刻印的书籍，大多是农书、历本、医书、字帖等。雕版印刷发明不

44

毕昇铜像

久，佛教的传播者们便利用这个方法刻印了大量佛教经典、佛像和图画。1900年，在甘肃敦煌千佛洞里发现一本印刷精美的《金刚经》，其末尾题有"咸通九年四月十五日"等字样。唐咸通九年，就是公元868年。这是目前世界上最早的有明确日期记载的印刷物。尽管较之手工抄写，雕版印刷已经大大提高了生产效率，但是依然很费工。印一页就得刻一块版，雕印一部书籍，往往需要几年工夫；雕好后的版片，还需较大的储存空间。人力、物力和时间的巨大成本，对于文化的传播无疑是一个很大的限制。

北宋年间，毕昇发明了活字印刷术，节省了雕版费用，缩短了印刷时间，在印刷史上影响深远。近代盛行的铅字排印的基本原理，和最初毕昇发明活字的排印方法完全相同。据沈括《梦溪笔谈》记载，毕昇用胶泥刻字，一个字刻一个印，用火烧硬。先预备好一块铁板，铁板上面敷盖一层松脂、蜡和纸灰等物。印书时，在铁板上放一个铁框子，把所要印的活字按顺序排在铁框里，满一铁框就是一板，然后用火烤，待到松脂、蜡等稍一熔化，再用平板一压，字面就压得平整了。冷却以后，一排排泥活字就凝固得很牢。印刷时，

佛說讚經先念淨口業真言一通

循唎　循唎

摩訶循唎

循循唎

婆婆訶

奉請除災金剛

奉請辟毒金剛

奉請黃隨求金剛

奉請白淨水金剛

奉請赤聲金剛

奉請定除厄金剛

奉請紫賢金剛

奉請大神金剛

金剛般若波羅蜜經

如是我聞一時佛在舍衛國祇樹給孤獨園與大

比丘眾千二百五十人俱尒時世尊食時着衣持

敦煌出土的唐代雕版印刷《金
刚经》卷首

王祯发明的转轮排字盘模型

不至于散落。为了提高效率，他还用两块铁板，一板印刷，另一板又排字，这块板印完，第二板又准备好了。这样相互交替着用，使印刷效率大大提高。他还将一些常用的字，刻上一二十个。用韵目分类的办法，贴上标签，用木格贮存起来。印完后，把活字拆下，放在木格里，以备再用。至于没有预备的偏僻生字，就临时写刻，马上烧成使用。

泥活字版

至清代，安徽泾县人翟金生对胶泥活字作了较大改进。他根据《梦溪笔谈》关于泥活字的记载，花了30多年工夫，制成了十多万个"坚贞如骨角"的泥活字。他用自己制的这些泥活字印过《泥版试印初编》《仙屏书屋初集诗录》等书。这套泥活字，字划匀称，印出的书，字体清秀，墨色浓淡适宜，印刷精良。翟金生制造的泥活字，是先做好模子，然后用澄浆泥做成

一个个泥字，经过烧炼、修整而成。烧出的字，不易变形，可以印制千万册而不失真。

除了泥活字，元代时期，农学家王祯创制了木活字，他还发明了转轮排字架，用简单的机械，提升排字的效率。此后，木活字印刷一直在我国流行。活字印刷过程中，造字、拣字、拼版、印刷的基本操作过程，已经不仅仅是一种单一的技术，而是一种工程活动。在我国，这种印刷工程直到激光照排机发明以前一直在被人们使用。

（3）指南针与航海工程

指南针是利用磁铁在地球磁场中的南北指极性而制成的一种指向仪器，在各个不同历史发展时期，它有不同的形体与名称，如司南、指南鱼和指南针等。指南针的最初发明者和发明年代现已无可查考，是我国古代劳动人民在长期生产实践中的集体智慧结晶。

关于司南的制造，文献记载较少。根据专家研究，制作司南，可能是先把整块的天然磁石从矿中开采出来，然后精雕细刻，琢磨成勺子的形状，让整个物体的重心落在圆润光滑的底部正中。为了让司南转动，还必须配一个光滑的底盘。通常，这个底盘是用青铜材料制作，也有的是涂漆的木盘。青铜和漆器都比较光滑，摩擦阻力较小，可使司南转动灵活。在使用司南时，先将底盘放平，然后再把司南放在底盘的中间，用手轻轻拨动它的柄，使它转动，当司南停下来时，它的长柄就指向南方，勺口则指向北方。我国早在商周时期，玉器加工技术已十分精湛，而天然磁石是一种坚硬的物质，制作磁勺以及光洁如镜的石盘也需要相当高的技术，这说明司南很有可能是由古代玉石工匠发明的。

然而，在使用司南时，人们仍感到诸多不便。它对底盘的要求很高，既要光滑又要水平，否则就会影响使用。由于天然磁石在琢制司南的过程中不容易找出准确的极向，也容易因受震而失去磁性，因而成品率很低。也因如此，琢制出的司南磁性比较弱，而且与底盘接触的时候转动摩擦阻力比较大，使用效果不佳。

经过长期的生产实践和反复试验，人们终于掌握了人工磁化的

司南模型

方法，制作出更先进的磁性指向仪器。北宋初年，曾公亮的《武经总要》和沈括的《梦溪笔谈》中，分别介绍了指南鱼和指南针。指南鱼由一块薄薄的钢片制成，外形像一条鱼，鱼肚凹下去一些，使它像小船一样，可以浮在水面上。指南鱼本身没有磁性，将其与天然磁铁放在同一个密封盒子里，使二者接触，时间一长，钢片做的鱼就被磁化。指南鱼发明后不久，便有人再次改进，将一根钢针放在磁铁上磨，一段时间后，钢针就便变成了磁针，即指南针。

大约在 11 世纪，中国人已在航海中使用指南针，标志着人类获得了在海洋中全天候、远距离航行的能力。北宋朱彧的《萍洲可谈》中，记述了当时广州航海业兴旺的盛况，以及中国海船在海上航行的情形。明初航海家郑和完成了"七下西洋"的壮举，沿途航线都标有罗盘针路，在苏门答腊之后的航程中，又用罗盘针路和牵星术相辅而行。

指南针大约在公元 12 世纪末到 13 世纪初由海路传入阿拉伯，再由阿拉伯传入欧洲，为口后旱罗盘的出现提供了基础。16 世纪时，欧洲航海罗盘开始出现了一种类似"万向支架"的常平架，它由两个铜圈组成，两圈的直径略有差别，小圈正好内切于大圈，并由枢轴相连，安装在一个固定的支架上。旱罗盘就挂在内圈中，不论船体怎么摆动，旱罗盘总能始终保持水平状态。

（4）从火药到火器工程

我国发明火药至今已有一千多年了。在秦汉之前，人们在医药学的实践中，已经发现了硝石、硫黄、木炭这些原料。西汉初年，道术方士盛行，许多炼丹士为了炼出长生不老药，用炼丹炉化合各种药物。唐初的炼丹士为了消除石质药物中的"毒气"，使之升华为仙丹妙药，就把硫黄粉、硝石粉和木炭放在一起冶炼，结果发生猛烈的燃烧和爆炸，因而将之称为"火药"。

当时发明的火药，现在叫黑火药，因为它呈褐色，又称褐色火药。它是硝酸钾、硫黄、木炭三种粉末的混合物。这种混合物极容易燃烧，而且燃烧起来相当激烈。这是因为硝酸钾是氧化剂，加热的时候释放出氧气。硫和炭容易被氧化，是常见的还原剂。把它们混合燃烧，氧化还原反应迅猛进行，反应中要放出热量并产生大量气体。假如混合物是包裹在纸、布、皮中或充塞在陶罐、石孔里的，燃烧的时候，由于体积突然膨胀，增加到几千倍，就会发生爆炸。这就是黑火药燃烧爆炸的原理。

和其他发明创造一样，火药的发明也经历了一个长时间的实践和认识过程。随着生产的发展，人们对组成火药的三种成分的性质有了一定的认识。同时，道家方士们采用了一种名叫"伏火"的办法，通过把硫黄和其他某些易燃物质混合加热或使其发生某种程度的燃烧，使之变性。火药的发现就和这种硫黄伏火实验有密切联系。硝的引入是制取火药的关键。硝的化学性质很活泼，撒在赤炭上一下子就产生焰火，能和许多物质发生作用，所以在炼丹中，常用硝来改变其他药品的性质。又因为硝石的颜色和其他一些盐类如朴硝（硫酸钾）等差别不大，在使用中容易搞错，因此人们还掌握了识别硝石的方法，这为后来大量采用硝石作了技术上的准备。对炭、硫、硝三种物质性能的认识，为火药的发明准备了条件。由于医药

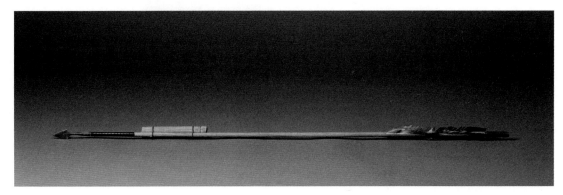

火箭（模型），在箭支前端缚
火药筒

学和炼丹活动的发展，特别是通过人们长期实践，最晚在唐代，人们在硫黄伏火的多次实验中认识到，点燃硝石、硫黄、木炭的混合物，会发生异常激烈的燃烧。后来，人们掌握了"一硝二黄三木炭"的火药配方。

突火枪

　　尽管火药的研究开始于古代炼丹术，炼丹术的目的和动机十分荒谬和可笑，但它的实验方法还是有可取之处。火药不能解决长生不老的问题，又容易着火，炼丹士对它并不感兴趣。火药的配方由炼丹士转到军事家手里，就成为应用于火器工程的炸药。在火药发明之前，古代军事家常采用火攻这一战术克敌制胜。在当时的火攻中，有一种武器叫"火箭"，是在箭头上附着油脂、松香、硫黄之类的易燃物质，点燃后射向敌方，延烧敌方军械人员和营房。但是油脂、松香这类物质燃烧慢，火力小，容易被扑灭。如果用火药代替一般的易燃物，燃烧就快多了，火力也大。所以在唐末宋初时，人们已经采用以火药为燃料的"火箭"了，这是火药应用于武器的最初形式。

　　火药发明之前，人们攻城守城常用一种抛石机，用来抛掷石头和油脂火球，起到进攻或防御的作用。火药发明之后，人们就用抛石机抛掷火药包以代替石头和油脂火球。据宋代路振的《九国志》记载，唐哀帝时（10世纪），郑王番率军攻打豫章（今江

元至顺三年铜炮

西南昌），"发机飞火"烧毁该城的龙沙门。这可能是有关用火药攻城的最初记载。随后人们又在石炮的基础上，创造了火炮。火炮就是把火药装成容易发射的形状，点燃引线后，由原来抛射石头的抛石机射出。火药运用在武器上，形成火器工程，是武器史上一大进步。在战争中，火药武器显示了前所未有的作用，很快引起人们的重视，各种火药武器相继出现。

宋代多次大规模农民起义，直接推动了火药武器的发展。"火枪""突火枪"等管形火器，都是起义军在战争中发明的。火枪由长竹竿做成，先把火药装在竿里，作战的时候把点燃的火药喷射出去。突火枪用粗竹筒制作，筒里除装火药外，还装有"子窠"，火药点燃以后，产生很强的气压，把子窠射出去。子窠就是原始的子弹。近代枪炮就是由这种管形火器一步步发展起来的，所以管形火器的发明是武器史上的一大飞跃。

火药兵器在战场上的出现，预示着军事将发生一系列变革，从使用冷兵器阶段向使用火器阶段过渡。火药应用于武器的最初形式，主要是利用火药的燃烧性能和爆炸性能制造各种各样的火器。多装火药可以增强炮火的威力，但是竹筒承受不了太大的气压。约在元代，我国已经出现用铜或铁铸成的筒式大炮。这类炮统称"火铳"，又因为它威力最大，被尊称为"铜将军"。现保存在国家历史博物馆的"铜将军"于元至顺三年（1332 年）制造。是已经发现的世界上最古老的铜炮。在宋元之际，曾经出现一种利用火药燃烧喷射气体产生的反作用力而把箭头射向敌方的火药箭，这和现代火箭的发射原理一致，只是由于多种原因，这项技术当时没有进一步发展。

2. 中国古代工程技术向西方的传播

中国古代技术发明和工程实践灿若星辰,对世界科技发展做出了巨大贡献。英国著名科技史专家李约瑟博士,曾以出版巨著《中国的科学与文明》(即《中国科学技术史》)而名闻世界。1954年,李约瑟出版了《中国的科学与文明》第一卷,轰动西方汉学界。他在这部计有三十四分册的系列巨著中,以浩瀚的史料、确凿的证据向世界表明:"中国文明在科学技术史上曾起过从来没有被认识到的巨大作用""在现代科学技术登场前十多个世纪,中国在科技和知识方面的积累远胜于西方"。英国资深记者坦普尔利用李约瑟收集到的大量资料,并在李约瑟的指导下,著书详细描述了"中国领先于世界""西方受惠于中国"的中国古代科技的"100个世界第一"。他在书中除提到造纸术、指南针、火药、活字印刷术四大发明外,还有中医中药、10进位值制、赤道坐标系、雕版印刷术新四大发明,以及瓷器、丝绸、金属冶铸、深耕细作等影响世界科技发展的中国古代发明,它们与四大发明、新四大发明具有同样意义。其实,"100"这个数字只不过是一种引人注目的数字泛指,作者想要说的乃是他认为最重要的发现:现代社会赖以建立的基础,有一半要依赖于中国的发明。[1]

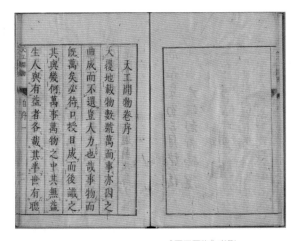

《天工开物》书影

以著名工程文献《天工开物》为例。大约17世纪末年,《天工开物》传到日本后,日本学术界对它的引用一直没有间断过,早在1771年就出版了汉刻本与和刻本,之后又刻印了多种版本。19世纪30年代,有人把它摘译成了法文,之后不同文字的摘译本便在

1 罗伯特·K.G.坦普尔.中国:发明与发现的国度——中国的100个世界第一 [M].
陈养正,陈小慧,李耕耕,等,译.南昌:21世纪出版社,1996.

欧洲流行开来，对欧洲的社会生产和科学研究都产生过许多重要影响。如 1837 年时，法国汉学家儒莲把《授时通考》的"蚕桑篇"，《天工开物·乃服》的蚕桑部分译成了法文，并以《蚕桑辑要》的书名刊载出去，马上就轰动了整个欧洲。该书当年就被译成了意大利文和德文，分别在都灵、斯图加特和杜宾根出版，第二年又转译成了英文和俄文。当时欧洲的蚕桑技术已有了一定发展，但因防治疾病的经验不足等导致生丝大量减产。《天工开物》和《授时通考》为欧洲人提供了一整套关于养蚕、防治蚕病的完整经验，对欧洲蚕业产生了很大影响。著名生物学家达尔文也曾阅读了儒莲的译著，并称之为权威性著作。他还把中国养蚕技术中的有关内容作为人工选择、生物进化的一个重要例证。

据不完全统计，《天工开物》一书在全世界发行了 16 个版本，印刷了 38 次之多。其中，国内（包括大陆和台湾）发行 11 版，印刷 17 次；日本发行 4 版，印刷 20 次；欧美发行 1 版，印刷 1 次。《天工开物》中的内容从 17 世纪开始逐渐传入日本，其中新颖而先进的科技知识如沉铅结银法、铜合金制法、大型海船设计、提花机和炼锌技术等，吸引了江户时代日本各界学者的注意，纷纷引用。当时欧洲人也想仿制许多中国产品以减少从中国进口，但不得其制法要领及配方，《天工开物》的出现为欧洲人提供了重要的技术信息。

再以四大发明为例。欧洲从 12 世纪学会造纸，但一直以破布为单一原料生产麻纸，18 世纪以后耗纸量激增，但破布供应却有限，于是造纸业出现原料危机，各国都在探索以其他原料代替破布造纸。中国的造纸术公元 3 世纪时传到朝鲜，公元 7 世纪由朝鲜传入日本，同时也传入了中亚的撒马尔罕（今乌兹别克共和国）、波斯（今伊朗）。8 世纪传到了阿拉伯、埃及和摩洛哥。有史可据的是唐玄宗天宝十年（751 年），唐朝和大食国（今阿拉伯）发生了边境冲突。唐朝安西节度使高仙芝率领的军队战败，许多士兵被俘。在被俘的士兵中就有一些造纸工匠。大食国就利用这些工匠在它的北方重要城镇撒马尔罕，建造了一家造纸工场。这是中国造纸术西传的开始。撒马尔罕阿拉伯人学到造纸术，他们造出的纸，成为主要出口商品，远销到非洲、欧洲各地。

公元 793 年，当时的阿拉伯王招聘了中国造纸工匠，在巴格达建造了一家造纸工场。这使造纸术又向西延伸了一步。公元 795 年，在大马士革也有了造纸工场。大马士革临近地中海，交通方便，与欧洲往来频繁，生产的纸张，可以直接供应欧洲使用。公元 900 年造纸术又传入埃及。公元 1150 年，阿拉伯人征服了欧洲的西班牙，在萨地瓦建设起欧洲第一家造纸工场。这比中国发明造纸的时间要晚 1 200 多年。

12 世纪造纸术传入西班牙后，很快地发展起来，解决了当地用纸的需要。不久，造纸术由西班牙传入法国，法国开始有了造纸业，并较快地发展起来。15 世纪末，造纸术又传到了英国，17 世纪由荷兰传入了美国，这样，造纸术在英国和美国逐渐发展起来。在造纸术传入欧洲各国前，欧洲各国大多用价值昂贵的羊皮作纸，写一部《圣经》就需要三百多张羊皮，普通大众根本用不起。

我国是印刷术的发源地，世界上许多国家的印刷术，都是在我国印刷术的直接或间接的影响下发展起来的。中国的印刷术沿着丝绸之路传到了西方。唐代的雕刻印本传到日本，8 世纪后期，日本的木板《陀罗尼经》完成。大约在 12 世纪或者略早，雕版印刷传到埃及。13 世纪，欧洲人来中国多取道于波斯（即今天的伊朗）。波斯当时已经熟悉了中国的印刷术，并且一度用来印造纸币。波斯实际成了当时中国印刷术西传的中转站。14 世纪末，欧洲才出现用木板雕印的纸牌、圣像和学生用的拉丁文课本。我国最初的木活字印刷术，大约在 14 世纪传到朝鲜、日本。朝鲜人在吸取我国传去的木活字经验基础上，最早创制了铜活字。公元 1450 年前后，德国人谷腾堡受中国活字印刷的影响，用铅、锡、锑的合金初步制成了欧洲拼音文字的活字，用来印刷书籍。1455 年，又用铅活字印出了《圣经》。印刷术传到欧洲后，改变了原来只有僧侣才能读书和受高等教育的状况，为欧洲的科学经历中世纪漫长黑夜之后突飞猛进发展，以及文艺复兴运动的出现提供了一个重要的物质条件。马克思在 1863 年 1 月给恩格斯的信里把印刷术、火药和指南针的发明称为"资产阶级发展的必要前提"。由此可知，印刷术的发明意义是多么重大。

中国的火药武器当时是世界上最先进的。南宋末年，火药经阿拉伯国家传入欧洲，掌握火药和火器不久的欧洲国家很快赶上并且超过了我国。火药传到欧洲，也在采矿业和战争中发挥了巨大作用。但是黑火药有许多缺点，爆炸力也不够强大。这对开采坚硬的铁矿来讲显然威力还不够。后来，欧洲人在火药的基础上创造出在安全性和威力上都有巨大飞跃的各种各样的炸药。

指南针远渡重洋传入地中海和波罗的海之后，使地中海诸国濒临绝境的海外贸易起死回生，并给西方的深海航运带来突破性发展，创造出陆上运输无以相比的奇迹。哥伦布带着中国的航海罗盘发现了新大陆，新兴的资产阶级随之开始了血与火的原始资本积累。英国哲学家弗朗西斯·培根说："印刷术、火药和指南针这三种发明，把世界上各种事物的全部面貌和情况都改变了，并因此引起无数的变化，任何帝国、教派对人类的影响仿佛都不及这些机械性的发现。"[1]

3. 著名工匠工程师——鲁班和马钧

中国古代工匠传统造就了很多后世广为流传的发明家和著名工匠，其中秦汉时期的鲁班和马钧就是代表。鲁班，姓公输，名般，因他是鲁国人，古文中"般"与"班"两字发音相近，所以人们常称他为鲁班。他大约生活在春秋末年到战国初年，是中国古代的优秀工匠，杰出的机械发明家，更被木工工匠奉为"祖师"。鲁班的发明创造很多，包括木工工具、古代兵器、农业机具、仿生机械以及其他各种发明创造，散见于战国以后的书籍中，被视为技艺高超的工匠的化身。

1　培根. 新工具 [M]. 许宝骙，译. 北京：商务印书馆，1984：121.

鲁班所做出的发明和在工程上的影响作品有以下方面。

（1）锯子

鲁班像

传说锯子是鲁班发明的，其实依考古学家发现，居住在中国地区的人类早在新石器时代就会加工和使用带齿的石镰和蚌镰，这些是锯子的雏形。鲁班出生前数百年的周朝，已有人使用铜锯，"锯"字也早已出现。但鲁班发明锯子一说流传也甚为广泛，近代有人以此传说认为鲁班是运用"仿生学"的先驱。相传鲁班接受建筑一座巨大宫殿的任务，需要很多木料，鲁班便让徒弟们上山砍伐树木。徒弟们用斧头砍伐，效率低下。工匠们天天起早贪黑拼命去干，也砍伐不了多少树木，使工程进度一拖再拖，眼看着工程期限越来越近，鲁班甚是着急。为此，他决定亲自上山察看砍伐树木的情况。

上山时，他无意中抓了一把山上长的一种野草，手被划伤了。鲁班觉得很奇怪，一根柔软的小草为何能割破手？于是摘下了一片叶子来细心观察，发现叶子两边长着许多小细齿，用手轻轻一摸，这些小细齿非常锋利，鲁班了解到就是这些小细齿划破了他的手。后来，鲁班又看到一只大蝗虫在一株草上啃吃叶子，两颗大板牙非常锋利，一开一合，很快就吃下一大片，这也引起了鲁班的好奇心，他抓住一只蝗虫，仔细观察蝗虫口部的结构，发现蝗虫的两颗大板牙上同样排列着许多小细齿，蝗虫正是靠这些小细齿来咬断草叶的。由于这两件事，鲁班受到很大启发，他想，若做成一锯齿状的砍伐工具，是否同样锋利？于是他用大毛竹做成一条带有许多小锯齿的竹片，然后试锯小树，结果几下子就把树皮拉破了，但是由于竹片比较软，强度比较差，不能长久使用，使用竹片太多也是一个很大的浪费。鲁班又想到了铁片。他让铁匠们制作带有小锯齿的铁片，锯就这样被发明了。

（2）曲尺

曲尺最早的名称是"矩"，又名鲁班尺，传说是鲁班发明。《墨子·天志上》说："轮匠执其规矩，以度天下之方圆。"规矩，即圆规及曲尺。曲尺由尺柄及尺翼组成，相互垂直成直角，尺柄较短，为一尺，主要为量度之用；尺翼长短不定，最长为尺柄一倍，主要为量直角、平衡线之用。木工以曲尺量度直角、平面、长短甚至平衡线。

最早的记述在南宋时期。陈元靓著《事林广记·引集》卷六"鲁班尺法"中记载："（淮南子曰）其尺也，以官尺一尺二寸为准，均分为八寸，其文曰财、曰病、曰离、曰义、曰官、曰劫、曰害、曰吉；乃主北斗中七星与主辅星。用尺之法，从财字量起，虽一丈、十丈不论，但于丈尺之内量取吉寸用之；遇吉星则吉，遇凶星则凶。恒古及今，公私造作，大小方直，皆本乎是。作门尤宜仔细。又有以官尺一尺一寸而分作长短寸者，或改吉字为本字者，其余并同。"明代刻本《鲁班营造正式》卷六有曲尺直尺图，图名为鲁班直尺；并在曲尺图中注明：曲尺者有十寸，一寸乃十分。凡是营建房屋门的尺度，均用鲁班尺。

（3）墨斗

墨斗是木工用以弹线的工具，传为鲁班发明。此工具以一斗型盒子贮墨，线绳由一端穿过墨穴染色，在染色绳线末端有一个小木钩，称为"班母"，传为鲁班的母亲发明。班母通常离地面约一寸。固定之后，将已染色线绳向地面弹动，工地以此为地平直线标准。又可将班母固定于高处，墨斗悬垂，以墨斗之重量作坠力，将已染色线绳向壁面弹动，以此为立面直线标准。传说中鲁班能以染色线绳夜中切石，一夜即能完成工程所需大部分石料。后石匠师父以斗线确定采集下来的岩石形状，再用其他工具把不要的部分敲掉，从而得到所需形状的石料。

（4）云梯

云梯是古代攻城用的器械，传说是鲁班发明。《墨子·公输》中记载："公输盘为楚造云梯之械，成，将以攻宋。"《战国策·公输盘为楚设机章》写墨子往见公输般时说"闻公为云梯"。《淮南子》曰："鲁班即公输般，楚人也。乃天子之巧士，能作云梯。"《淮南子·兵略训》许慎注："云梯可依云而立，所以瞰敌之城中。"公输盘和公输般皆指鲁班。

（5）钩强

"钩强"也称"钩拒""钩巨"，是古代水战用的工具，可钩住或阻碍敌方战船，传说是鲁班发明。《墨子·鲁问》中记载："昔者楚人与越人舟战于江，楚人顺流而进，迎流而退，见利而进，见不利则其退难。越人迎流而进，顺流而退，见利而进，见不利则其退速，越人因此若埶，亟败楚人。公输子自鲁南游楚，焉始为舟战之器，作为钩强之备，退者钩之，进者强之，量其钩强之长，而制为之兵，楚之兵节，越之兵不节，楚人因此若埶，亟败越人。"

（6）石磨

马钧像

鲁班发明的机械中，以磨的影响最大。使用磨将谷物加工成粉，在几千年的时间里，已深入到各地居民的生活中。传说鲁班用两块比较坚硬的圆石，各凿成密布的浅槽，合在一起，用人力或畜力使它转动，就把米面磨成粉了。在此之前，人们加工粮食是把谷物放在石臼里用杵来舂捣，而磨的发明把杵臼的上下运动变作旋转运动，使杵臼的间歇工作变成连续工作，大大减轻了劳动强度，提高了生产效率，是古代粮食加工工具的一大进步。

马钧，字德衡，三国时魏国扶风（现陕西兴平）人，生卒年代不详，是我国古代杰出的机械专家。

指南车复原模型

他勤奋刻苦、善于思索、勇于实践、注重动手，先后制成了指南车、"水转百戏"、翻车、提花机等，对科学发展和技术进步做出了贡献。

（1）复制指南车

指南车，又称司南车，是中国古代用来指示方向的一种机械装置。车上站一个木人，伸臂南指，不管车子怎样转动，木人的手臂总是指向南方。后人经考证，指出指南车与指南针的运作机理不同。指南车是具有能自动离合齿轮系装置的车辆，基于并应用机械差动原理，与指南针基于地磁感应不同。指南车不会自动指南，须人工设置其初始指南后，才能在驱动后继续指南。即它不用磁性，而是利用齿轮传动系统，根据车轮的转动，由车上木人指示方向。不论车子转向何方，木人的手始终指向南方"车虽回运而手常指南"。

据史书记载，东汉张衡、三国时代魏国的马钧、南齐的祖冲之都曾制造过指南车。《宋史·舆服志》中对指南车的结构、各齿轮大小和齿数都有详细记载。

魏明帝青龙年间，马钧在京城担任给事中时，与不同官员打赌，马钧认为古代很可能造过指南车，只是我们没有深入去研究罢了。魏明帝知道后，真的命令马钧制造指南车。马钧经过刻苦钻研，在工匠们的帮助下，没多久，终于制成指南车。此指南车采用齿轮的原理制作，并没有使用磁极，与司南、罗盘完全不同。

指南车因是皇帝所用，车身高大，装饰华美，还雕刻着金龙、仙人。行走时前呼后拥，所用"驾士"相当多，如《金史》就说有12人驾驶，而《宋史》则说原有"驾上"18人，后增至30人。这些因素决定了指南车很难用于实战。

从古籍记载中还可看出，由于指南车的崇高地位与特殊作用，一般前朝灭亡之后，指南车也随之毁坏。这种屡制屡废的局面，造成历史上研制过指南车的人相当多，根据记载能厘清姓名、时间的就有15人之多。所研制的指南车的外形应有继承性，但内部结构应各不相同，也可能大有出入，因为指南车的内部结构常被认为是重要机密，这也许是历史上很少有古籍记载指南车的内部结构的原因。

《农书》所载"脚踏翻车"

（2）发明"水转百戏"

马钧制成指南车后不久，有人给魏明帝进献了一种叫作"百戏"的木偶玩具，设计精巧，造型优美，可惜不能动作。魏明帝就找到马钧，让他进行改制，让这些木偶人动作起来。马钧用木材做了一个大轮子，平放在地面上，用水力使木轮转动，同时轮子上设置的木人都一起动弹起来，有的击鼓吹箫，有的唱歌跳舞，有的跳丸（古代的一种杂技，以手掷丸，上下交替为戏）掷剑，有的爬绳倒立，还有的舂米磨面、斗鸡杂耍，栩栩如生，变化无穷，成为壮观多姿的"水转百戏"。我们现在虽然不知道它的具体构造，但是可以推测，要让这么多的人物自己动作起来，其中一定运用了一套复杂的齿轮、凸轮、连杆等传动机构。这体现出我国当时的机械学方面知识和技术水平都是相当高的。

（3）发明"翻车"

马钧住在京城洛阳的时候，城里有一片地可以辟作菜园。但是因为地势比较高，无法引水灌溉。为了解决这个问题，马钧认真研究了以往的灌溉工具，经过多次试验，设计制造了一种新的灌溉机械——翻车，即龙骨水车。在马钧以前，东汉的毕岚曾经造过一种翻车。不过这种翻车是和另一种提水工具"渴乌"（即虹吸管）配合使用，用来洒道的。马钧所造的翻车不仅可以直接在农田灌溉应用，而且结构轻巧灵便，效率高，儿童都能转动，胜过原来提水工具百倍。这就大大增强了古代劳动人民抗旱排涝的能力。

马钧所制造的翻车由于缺乏记载，具体结构已经不可考了。但从《农书》中我们可以大概了解翻车的工作原理。根据《农书》的说明，脚踏翻车的构造是这样的：用木板做一个长约两丈、宽约四到七寸、高约一尺的木槽，在木槽的一端安装一个比较大的带齿轮轴，轴的两端安装可以踏动的踏板；在木槽的另一端安装一个比较小的齿轮轴，两个齿轮轴之间装上木链条（即龙骨），木链条上拴上串板。这样，灌溉农田的时候，把木槽的一端连同小齿轮轴一起放入河中，人踏动大齿轮轴上的踏板，就可以使串板在槽里运动，刮水而上。它的动作原理类似现在自行车的链条，不过链上装有刮板，并且是放在木槽中的，所以可以把水从低处带往高处"更入更出"，进行连续灌溉。

（4）改进提花机

西汉初年，巨鹿人陈宝光的妻子创制了一种新的提花机，用一百二十蹑，六十天能织成一匹散花绫，"匹值万钱"。这在当时是比较先进的丝织机械。此后，又有人把它简化成"五十综者五十蹑"或"六十综者六十蹑"。但是结构仍很复杂，不便操作，织工辛辛苦苦，织一匹绫子需要几十天时间。为此，马钧对织绫机进行了深入细致的观察和研究，经过日夜苦心钻研和反复试验，把"五十综者五十蹑"和"六十综者六十蹑"的旧织绫机，统统改成十二蹑，这就大大简化了织机构造，劳动生产效率一下子提高了好几倍。同时，新绫机织出的绫图案自然，变化多端，质量也得到了很大改善，很受人们欢迎。这种提花机很快得到推广应用。

马钧的设计思想和改革成果为后来制造和推广家用织布机打下了基础，对后世提花机的定型产生了深远影响。

三、古代著名工程文献

1. 最早的手工业工程技术文献——《考工记》

《考工记》开篇论述"国有六职，百工与居一焉"

《考工记》是中国目前所见最早的手工业工程技术文献，也是最早的指导工程实践的规范，在中国乃至世界的科技史、工程史和文化史上都占有重要地位。

关于《考工记》的作者和成书年代，长期以来学术界有不同看法。多数学者认为，《考工记》是齐国官书（齐国官府制定的指导、监督和考核官府手工业、工匠劳动制度的书），作者为齐稷下学宫的学者。

该书主要内容编纂于春秋末战国初，部分内容补于战国中晚期。全书共7 100余字，记述了木工、金工、皮革、染色、刮磨、陶瓷共6门工艺的30个工种，其中6个工种已失传，后又衍生出1种，实存25个工种的内容。书中还分别介绍了车舆、宫室、兵器以及礼乐之器等的制作工艺和检验方法，涉及数学、力学、声学、冶金学、建筑学等方面的知识和经验总结。

我们今天所见的《考工记》，是儒家经书《周礼》中的一部分。《周礼》全书共分《天官冢宰》《地官司徒》《春官宗伯》《夏官司马》《秋官司寇》《冬官司空》6篇。《冬官司空》在汉以前已散佚，汉代人河间献王刘德便取《考工记》补入该篇，可见《考工记》原不属《周礼》。这样补缺后就使得《周礼》一书既记载了周代的典章制度，百官职责，又记载了各种手工业技术规范。

《考工记》篇幅并不长，但科技信息含量却相当大，内容涉及先秦时代的制车、兵器、礼器、钟磬、练染、建筑、水利等手工业技术，还涉及天文、生物、数学、物理、化学等自然科学知识。

《考工记》将整个国家的职业划分为 6 类：王公、士大夫、百工、商人、农夫、女工。开篇讲：国家有 6 类职业，百工是其中之一，审视"五材"的曲直、方圆，以"加工"整治五材，而具备民众所需器物。这一方面是说"百工"的重要性，另一方面也说明"百工"属于官府手工业。

《考工记》有一段专门记载了金工冶铸技术的生产规范：攻金之工，筑氏执下齐（锡多的合金），冶氏执上齐（锡少的合金），凫氏为声（钟磬之类），栗氏为量（容量之类），段氏为镈器（田器钱镈之类），桃氏为刃（刀剑之类）。金有六齐（齐即铜与锡合金多少的成分）：六分其金而锡居一，谓之钟鼎之齐；五分其金而锡居一，谓之斧斤之齐；四分其金而锡居一，谓之戈戟之齐；参（三）分其金而锡居一，谓之大刃之齐；五分其金而锡居二，谓之削杀矢之齐；金锡半，谓之鉴燧之齐。

这一生产规范表明，铸造不同的青铜器，应有不同的合金比例——称之为"齐"。例如筑氏使用的是含锡多的"下齐"，冶氏使用的是含锡少的"上齐"。凫氏制作乐器，栗氏制作量器，段氏制作镈器，桃氏制作剑刃。他们使用的合金比例不同，从而产生了不同的性能。"六齐"是世界上最早对合金的认识，这与我国的青铜冶炼技术的成熟很有关系，也与我国西周社会重视手工业生产规范训练与教育有关系。

据科技史专家考察，在冶铜技术上，西周还有一项重大的突破，就是能准确地掌握冶炼的火候，即金属的熔点。当时并无科学的仪器设备来观察和控制熔点，全靠工匠的经验。《考工记》对此留下了宝贵的记录："凡铸金之状：金与锡，黑浊之气竭，黄白次之；黄白之气竭，青白次之；青白之气竭，青气次之。然后可铸也。"也就是说，铸冶铜器的火状是：最初铜和锡冒出的是黑浊气；黑浊

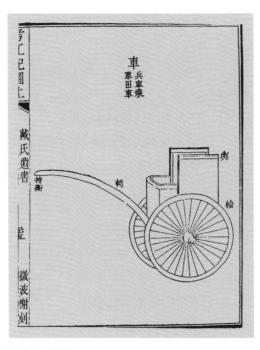

在清戴震撰写的《考工记图》中，对《考工记》所描述的车作了列图说明

气没有了，接着冒出黄白的气；黄白的气没有了，才冒出青白的气；等青白气冒完了，最后才冒的是青气。到这时才可以铸造器具。这一技术经验是数代工匠血汗的结晶，如此传授，形象直观，一目了然，易为艺徒掌握。

车辆在春秋时期不仅是重要的战争工具，也是常见的交通运输工具。《考工记》对车的制作甚为重视，它提出只有把车轮制成正圆，才能使轮与地面的接触面"微至"，从而减小阻力以保证车辆行驶"戚速"。它还规定制造能在平地运行的"大车"和在山地运行的"柏车"的毂长（两轮间横木长度）和辐长（连接轴心和轮圈的木条长度），各有一定尺寸，说"行泽者欲短毂，行山者欲长毂。短毂则利，长毂则安"。这种工艺也是按照不同地势条件以求达到较大的行驶效率。书中还详细提出，凡观察车子，必须从车子着地的部位，即车轮开始。车轮要结构坚固而与地的接触面小。结构不坚固，就不能经久耐用；与地的接触面大，就会影响速度。车轮过高，就不便人登车；车轮过低，对于马来说就常常像爬坡一样吃力。因此兵车、乘车车轮高六尺六寸，田车车轮高六尺三寸。六尺六寸高的车轮，轵高三尺三寸，再加上轸木与车模就是四尺。按此规格造车，身高八尺的人，上下车时的高度恰到好处。

《考工记》还十分重视水利灌溉工程的规划和兴修，它记述了包括"浍"（大沟）、"洫"（中沟）、"遂"（小沟）和田间小沟在内的沟渠系统，并指出要因地势水势修筑沟渠堤防，或使水畅流，或使水蓄积以便利用。对于建筑堤防的工程要求和施工经验，它也作了详细的记述。

《考工记》将制作精工产品规定为手工业生产的目标，而将天时、地气、材美和工巧以及四者的结合，看作必备的条件和重要的生产方法，提出："天有时，地有气，材有美，工有巧，合此四者，然后可以为良。材美工巧，然而不良，则不时，不得地气也。"

《考工记》认为天时节令的变化会影响原材料的质量，进而影响制成品的质量，所以强调"弓人为弓，取六材必以其时"。它重视地气，是由于某些地方生产的某种原材料质量较优，或者有制造某种工艺的优良传统。《考工记》载："郑之刀，宋之斤，鲁之削，吴粤（越）之剑，迁乎其地而不能为良，地气然也。""燕之角，荆之干，妢胡之笴，吴粤之金锡，此材之美者也。"

至于工匠，《考工记》认为是与分工有关。《考工记》对手工业分工的描述极为细密，提出治理木材的工匠有七种，治理金属的工匠有六种，治理皮革的工匠有五种，染色的工匠有五种，刮摩的工匠有五种，用黏土制作器物的工匠有两种。治理木材的工匠有：轮人、舆人、弓人、庐人、匠人、车人、梓人。治理金属的工匠有：筑氏、冶氏、凫氏、栗氏、段氏、桃氏。治理皮革的工匠有：函人、鲍人、韗人、韦人、裘人。染色的工匠有：画人、缋人、钟氏、筐人、㡛氏。刮摩的工匠有：玉人、榔人、雕人、矢人、磬氏。用泥制作器物的工匠有：陶人、瓬人。《匠人》篇指出，匠人职责有三：一是"建国"，即给都城选择位置，测量方位，确定工程；二是"营国"，即规划都城，设计王宫、明堂、宗庙、道路；三是"为沟洫"，即规划井田，设计水利工程、仓库及有关附属建筑。

分工细密，人尽其能，则有助于工匠技艺专精。书中还提出，制作一种器物而需要聚集数个工种的，以制作车聚集的工种为最多。《考工记》对"工"的见解非常独到："知者创物，巧者述之，守之，世谓之工"，意思是智慧的人创造器物，心灵手巧的人循其法式，守此职业世代相传，叫作"工"。这是对不断创新，提高工效，保持优良传统工艺的歌颂。书中还提出，"烁金以为刃，凝土以为器，作车以行陆，作舟以行水，此皆圣人之所作也。"意思是说，百工制作的器物，熔化金属而制作带利刃的器具，使土坚凝而制作陶器，制作车而在陆地上行进，制作船而在水上行驶，这些都是圣人的创造。

为了提高效益，必须精于计算。《考工记》以修筑沟防为例，提出："凡沟防，必一日先深之以为式，里为式，然后可以傅众力。"就是说，在沟防修筑中，应以劳工一天完成的进度作标准，以完成一里地的劳力和日数来计算整个工程所需的人力。

2. 宋代重要工程技术文献——《营造法式》

李诫像

在中国古代建筑史上，有成就的工程师见于记载的寥寥无几，留下名字的则多是大师巨匠，光辉照人，如汉代的阳城延、隋代的宇文恺、北宋的喻皓和李诫、明代的蒯祥和徐杲、清代的样式雷等。而其中给后世留下系统著作的却只有李诫一人，因此，李诫的《营造法式》在建筑史上一度是承上启下、独一无二的。直到清代官方颁布《工程做法则例》后，《营造法式》的权威性才被其取代。

关于李诫的记载，主要见于明代程俱《北山小集》。该书收录了李诫属吏傅冲益为他作的墓志铭。李诫为北宋末年人，元丰八年（1085 年）始任郊社斋郎一职，之后一路升迁，位至三品，政绩官声都很好。据《续资治通鉴长编纪事本末》《宋史地理志》等书记载，李诫一生修建过很多重要的建筑，如五王邸、辟雍、尚书省、龙德宫、朱雀门、景龙门、九成殿、开封府廨、太庙、钦慈太后佛寺、营房、明堂等。这些实践为他著作《营造法式》奠定了坚实的基础。

《营造法式》曾有过两次修撰，第一次与李诫无关；第二次是在王安石实行新政时，由李诫负责修撰，主要目的是防止建筑工程中由于没有一定的标准而导致的错误和浪费问题。从绍圣四年（1097 年）李诫奉敕重修到元符三年（1100 年）成书，前后近 4 年，

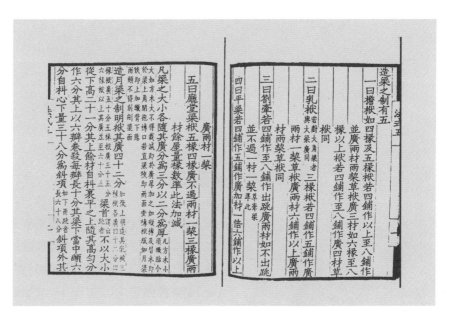

崇宁二年（1103 年）刊行。全书共 34 卷，357 篇，3 515 条。全书第一、二卷为总释，附总例；第三卷为壕寨及石作制度；第四、五卷为大木作制度；第六至十一卷为小木作制度；第十二卷为雕作锯作竹作制度；第十三卷为瓦作泥作制度；第十四卷为彩画制度；第十五卷为砖作窑作制度；第十六至二十五卷为诸功限；第二十六至二十八卷为诸作料例；第二十九至三十四卷为诸作图样。

《营造法式》由官方颁布刊行后，宋代官、私建筑都以它为准则。同时书中总结了前人大量的技术经验，如根据传统的木构架结构，规定凡立柱都有"侧角"及柱"升起"，这样使整个构架向内倾斜，增加构架的稳定性；在横梁与立柱交接处，用斗拱承托以减少梁端的剪力；叙述了砖、瓦、琉璃的配料和烧制方法以及各种彩画颜料的配色方法。在装饰与结构上也表达了整体统一的要求与相关规定，如对石作、砖作、小木作、彩画作等都有详细的条文和图样；柱、梁、斗拱等构件在规定它们在结构上所需要的大小、构造方法的同时，也规定了它们的艺术加工方法，如梁、柱、斗拱、椽头等构件的轮廓和曲线，就是书中所说的"卷杀"工艺。

《营造法式》具有特别的历史与人文意义。该书虽为建筑技术方面的著作，却是有系统的，也具有一定理论底蕴。它在一定程度上较全面地总结了北宋以前，尤其是北宋的木结构建筑经验，制定出建筑操作的种种规范，具有很强的可操作性，对后世产生了巨大的影响。

3. 宋应星与《天工开物》

宋应星像

宋应星编著的《天工开物》是世界上第一部关于农业和手工业生产的综合性著作，也是中国古代一部综合性的工程技术著作，外国学者称它为"中国17世纪的工艺百科全书"。

《天工开物》记载了明朝中叶以前中国古代的各项技术。全书分为上、中、下三篇，并附有120余幅插图，描绘了130多项生产技术和工具的名称、形状、工序。它对中国古代的各项技术进行了系统的总结，构成了一个完整的工程技术体系。书中记述的许多生产技术，一直沿用到近代。比如，该书为世界上第一次记载炼锌方法；"动物杂交培育良种法"比法国比尔慈比斯雅的理论早两百多年；挖煤中的瓦斯排空、巷道支扶及化学变化的质量守恒规律等，也都比当时国外的科学先进许多。尤其"骨灰蘸秧根""种性随水土而分"等技术，更是农业史上的重大突破。

宋应星，1587年生，江西奉新县人。明万历四十三年（1615年），他考中举人，但此后五次进京会试均告失败而不再应试。他曾游历大江南北，行迹遍及江西、湖北、安徽、江苏、山东、新疆等地，实地考察，注重实学。他在田间、作坊调查到许多生产知识，增长了见识。在明崇祯七年（1634年），他担任了江西分宜县教谕（县学教官）的官职。他将长期积累的生产技术等方面的知识加以总结整理，编著了《天工开物》一书，在明崇祯十年（1637年）由其友涂绍煃资助刊行。之后，宋应星又出任福建汀州（今福建省长汀县）推官、亳州（今安徽省亳州）知府。清顺治年间（1661年前后）去世。

《天工开物》书名取自《尚书·皋陶谟》"天工人其代之"及《易·系辞》"开物成务"。全书按"贵五谷而贱金玉之义"分为三篇，上篇记载谷物豆麻的栽培和加工方法，蚕丝棉苎的纺织和染色技术，以及制盐、制糖工艺；中篇包括砖瓦、陶瓷的制作，车船的建造，金属的铸锻，煤炭、石灰、硫黄、白矾的开采和烧制，以及榨油、造纸方法等；下篇记述金属矿物的开采和冶炼，兵器的制造，颜料、酒曲的生产，以及珠玉的采集加工等。全书附有大量插图，注明工艺关键，具体描述生产中各种实际数据（如重量准确到钱，长度准确到寸）。

在开篇，宋应星讲道："天覆地载，物数号万，而事亦因之。曲成而不遗。岂人力也哉。"意思是说，宇宙天地容纳万物，事物的纷繁复杂便由此衍生，其实事物都是遵循一定的规律，互相影响派生出世界万相而无所遗缺。这难道是人力可比的吗？宋应星的这段话，体现了中国人对"宇宙和谐""天人合一"思想的朴素认知，强调事物都有自己的发展规律，人在自然面前是渺小的，因此人类要与自然相协调，人力要与自然力相配合。

《天工开物》具有珍贵的历史价值和科学价值。我国古代物理知识大多散见于各种技术类书籍中，《天工开物》中也是如此。如在提水工具（筒车、风车）、船舵、灌钢、泥型铸釜、失蜡铸造、排除煤矿瓦斯方法、盐井中的吸卤器（唧筒）、熔融、提取法等中都有许多力学、热学等物理知识。此外，在"论气"卷中，宋应星深刻阐述了发声原因及波，他还指出太阳也在不断变化，"以今日之日为昨日之日，刻舟求剑之义"（"谈天"卷）。[1]

宋应星是世界上第一个科学地论述锌和铜锌合金（黄铜）的科学家。在"五金"卷中，他明确指出，锌是一种新金属，并且首次记载了它的冶炼方法。这是我国古代金属冶炼史上的重要成就之一，事实上，中国在很长一段时间里成为世界上唯一一个能大规模炼锌的国家。宋应星记载的用金属锌代替锌化合物（炉甘石）炼制黄铜的方法，是人类历史上用铜和锌两种金属直接熔融而得黄铜的最早记录。

《天工开物》初版发行后，很快就引起了学术界和刻书界的注

1 潘吉星.宋应星评传——中国思想家评传丛书 [M]. 南京：南京大学出版社，1990:121.

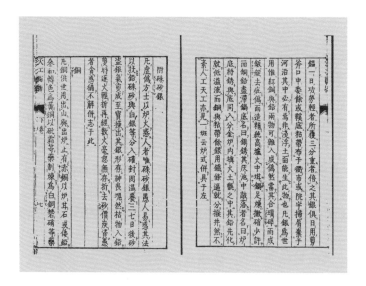

《天工开物》"五金卷"书影

意。至清朝时期，《天工开物》因被认为存在反清思想而被列为禁书销毁，自此该书在市面上基本绝迹，只在海外得以流传。浙江宁波天一阁一直藏有该书初刻本，但当时并未公开发行。民国时期刊行的版本，无论是通本、商本、局本、枝本，都是以从日本传回来的"菅本"为原版。

4. 清朝工部与《工程做法则例》

《工程做法则例》由清朝工部会同内务府主编，自雍正九年（1731年）开始"详拟做法工料，访察物价"，历时3年编成。原编74卷，清雍正十二年（1734年）工部刊行，《清会典》将该书列入史部政书类。

全书大体分为各种房屋建筑工程做法条例与应用料例工限（工料定额）两部分。包括土木瓦石、搭材起重、油饰彩画、铜铁活安装、裱糊工程等，各有专业条款规定与应用工料名例额限，并附屋架侧样简图20余幅。这部书在当时是作为宫廷（"内工"）和地方（"外工"）一切房屋营造工程定式"条例"而颁布的，目的在于统一房屋营造标准，加强工程管理制度，同时又是主管部门审查工程做法、验收核销工料经费的文书依据。后在乾隆元年（1736年）又重新编定了《物料价值则例》一书，与《工程做法则例》相辅。《工程做法则例》应用范围主要是针对官工"营建坛庙、宫殿、仓库、城垣、寺庙、王府一切房屋油画裱糊等工程"而设，"修理工程仍照旧制尺寸式样办理"，不在此新编订条例范围内。对于民间房舍修建，实际上起着建筑法规的监督限制作用。

全书内容重点放在官工。卷前"题本"中明确指出："臣部各项工程，一切营建制造，多关经制，其规度既不可不详，而钱粮尤不可不慎……营造工程之等第、物料之精粗，悉按现定规则逐细较定，注载做法，俾得了然，庶无浮克。"所谓"经制""规度""等第"，就是封建礼法，等级制度；"钱粮"是指经费（清代征税以银钱粮米为主）。总之，是要求重视工程的等第规度，还必须掌握经费开支，防止贪占侵冒，保证工程质量符合基本的要求和标准。

首先，书中将房屋建筑划为大式、小式两种做法，明确标志着建筑的等差关系。其次，关于建筑间数与间架限制问题，更重要的是要求严格控制工程经费，加强工料定额管理制度。防范经手官吏从中浮支冒领、勒索克扣，影响工程。《工程做法则例》在工料应用限额方面的记述几乎占了全书过半的篇幅，有的条款比宋代的《营造法式》所规定的更为严密具体。工程定额的制定，起初原是劳动人民长期实践经验的积累，根据手工操作，以常人人力所及为标准（平均先进定额），逐步实验，逐步改进，日久形成行业内部相互促励的劳动准则。

全书所列建筑材料名目，绝大部分属于官工所用，一般地方所产如石灰、砂土之类，官设灰窑常年烧造，采力、大石材分别在易县大石窝、西山、盘山一带设有专厂，大宗楠、杉、松材来源于江南、湖广、川贵各省，年有征额。金箔、颜料、桐油、绫罗缎匹、铅锡大量用于装饰工程和烧造琉璃瓦料。琉璃窑场先在京城和平门外琉璃厂街，后迁移到京西城子村。这些建材统于官府筹办。其他如金砖、城砖之类，都不是民间建筑可用。见于《物料价值则例》的都是专门供应官工营造所用的，有的本身就是一种专门工艺制作，如丝绸、琉璃都具有悠久的历史传统。

中国工程师史 第一卷

第三章

巧夺天工——先秦至南北朝时期的工程实践者及工程成就

一、冶金工程与实践者

1.冶金业的发展及成就

（1）从陶器到青铜器

人类文明的起源和发展，与矿冶业的产生和进步密不可分。从自然界采集矿石，然后通过物理或化学手段来提取矿石中的金属或有用矿物的实践，都可视为矿业活动。在遥远的旧石器时代，古人还不具备矿冶技术方面的知识和技能，他们只能利用竹、木、燧石、石英等天然材质，对其略做加工，制造出简单的工具。以采集和狩猎为主要生存手段的古人，在打制和使用石器的过程中，逐渐熟悉了部分岩石的物理特性。

新石器时代早期，烧制陶器的技术为人类所掌握，这是人类首次改变自然资源（陶土）的化学结构来制造产品。由于陶器在炊煮、取水、存储等方面具有其他质料容器所不能比拟的优越性，因而发展十分迅速。尽管烧制陶器与从矿石中提取金属或有用矿物的冶金技术仍有质的区别，但毕竟距冶金术的发明和实践只有一步之遥了。

西周时期青铜酒杯

人类最先接触到的金属是自然铜。自然铜通常以姜状、树枝状、丝状或颗粒状的形态存在于矿脉中，且与其他形态的铜矿矿物或其他矿物相依附，因为常外露在铜矿的矿脉中而容易被人们发现。自然铜的这类特征，使那些采集自然铜的人们很容易发现它所依附的其他形态铜矿，其中也包括以氧化矿物为主的其他金属矿物，颜色青绿且外观艳丽的孔雀石就是其中之一。将孔雀石放进窑火中加热，很容易得到红铜，

左：石斧
右：石磨盘与石磨棒

即常说的纯铜，可用来制作器物及铸造钱币。至新石器时代晚期，
通过在烧制陶器过程中获得的提高和控制温度的知识，以及对天然
金属的认识和利用，冶炼技术逐渐进步。以燃烧单种矿石为基础的
低级矿冶技术使人们在获得红铜的同时，也获得了部分原始青铜、
黄铜制品。若是燃烧铜锡共生矿或铅锌铜共生矿，人们还可分别获
得相应的铜合金。此后，原始铜器开始应用于人们的生产和生活之
中，替代了部分石器、竹器和木器。由于青铜具有红铜不可比拟的
硬度，且铸造时容易成型，青铜的制作工艺迅猛发展，在当时的冶
金业一枝独秀。夏、商、西周、春秋时期，我国制造的青铜器数量
非常庞大，仅目前保存在全国各地博物馆中的青铜器，有铭文者就
达数万件，不铸铭文的青铜器就更多，种类包括农具、烹饪食器、
酒器、水器、乐器、兵器、车马器等。精湛的块范法工艺及二次铸
造技术，使中国拥有了自己独特、完善的青铜铸造技术体系，由此
也进入了"青铜时代"。

（2）后母戊鼎——青铜及铸造技术的集大成者

1939 年，河南安阳武官村村民吴希增在野地里偶然发现了震
惊世界的青铜器国宝——四足方鼎，最初被命名为司母戊鼎。2011
年 3 月底，中国国家博物馆新馆开馆，司母戊鼎也随之移至新馆，
成了中国国家博物馆的镇馆之宝。在移到中国国家博物馆后，该鼎
有了一个新的权威命名——"后母戊鼎"。该鼎最初是由郭沫若先
生命名的，郭老认为，"司母戊"即为"祭祀母亲戊"，故称其为司

司母戊鼎

母戊鼎。我国著名学者罗振玉也赞同这一说法，他认为商代称年曰祀又曰司，故司即祠字。于是，司母戊鼎这一命名便一直沿用下来了。但对此一直存在争议，有多位学者提出，在古文字中，司、后是同一个字，所以"司"字应作"后"字解。如今把"司"改为"后"，一字之差，实际上是否定了从前把"司"理解为"祭祀"的说法。大部分专家均赞同"后母戊"的命名，认为这要优于"司母戊"的提法，其有"伟大、受人尊敬、了不起"之意，与"皇天后土"中的"后"同义。即"后母戊"，意思相当于将此鼎献给"敬爱的母亲戊"。

后母戊鼎是我国目前已发现的最大、最重的古代青铜器。该青铜鼎上口的长宽分别为 110 厘米和 79 厘米，鼎高 133 厘米，重达832.84 千克。据考证，它是商后期（约公元前 14 世纪—前 11 世纪）的王室青铜祭器。

商周时期的青铜器在一定程度上反映了人们对铜锡比例与产品性能之间关系的认识。冶金材料专家用光谱对后母戊鼎进行了定性分析，同时还用沉淀法进行化学分析，发现其含铜比例为 84.77%、含锡 11.64%、含铅 2.79%，这与我国战国时期成书的《考工记》所记载的青铜鼎的铜、锡比例基本相符，可见中国古代青铜工艺具有其内在传承性。后母戊鼎的铸造工艺十分复杂，制造过程也异常烦琐。整个鼎身与四足是整体铸造出来的。鼎身共使用了 8 大块陶范，每个鼎足各使用了 3 块陶范，鼎底及器内各使用了 4 块陶范。鼎耳要在鼎身铸成之后，再在其上装范，并再次浇铸成型。铸造这样的大型器物，必须配备多个大型熔炉。众多熔炼工同时化铜，并依次让青铜熔液经过流道注入浇口。锡不能过早掺入铸造液中，否则可能发生氧化反应，影响铜锡比例。制造过程中，操作人员必须密切配合，把握各熔炉的掺锡时机。这也充分显示出商代青铜铸造业的生产规模与杰出的技术成就。商代后期，我国已经开始进行大规模的青铜铸造，而且组织严密，分工细致，展现出高度发达的青铜文化。

（3）曾侯乙编钟

编钟是一种大型打击乐器，以青铜铸成，由大小不同的扁圆钟状铜器按照音调高低的次序排列起来，悬挂在一个巨大的钟架上。演奏者用丁字形的木槌和长形的棒分别敲打铜钟，就能发出不同的乐音。编钟的制造和使用，最早可以追溯到西周，盛于春秋战国至秦汉时期。

1977 年 9 月出土于曾侯乙墓的一套大型编钟，被命名为曾侯乙编钟。墓主是战国早期曾国的国君。曾侯乙编钟数量众多，由 65 个大小编钟组成，全部编钟完整无缺、整整齐齐地挂在木质钟架上，重达 2 567 千克。这套编钟按大小和音高顺序编成 8 组，分别悬挂在 3 层钟架上。最上一层 3 组 19 件为钮钟，体形较小。中下两层 5 组共 45 件为甬钟，钟体遍饰浮雕式蟠虺纹，细密精致。另有一件镈钟，位于下层甬钟中间，形体硕大，钮呈双龙蛇形，龙体卷曲，回首后顾，蛇位于龙首之上，盘绕相对，动势跃然浮现。

编钟的钟架由铜木制成，呈曲尺形。横梁为木质，绘饰以漆，

两端有雕饰龙纹的青铜套。中下层横梁各有三个佩剑铜人，以头、手托顶梁架，中部还有铜柱加固。铜人着长袍，腰束带，神情肃穆，是青铜人像中难得的佳作，也使编钟更显华贵。

这套编钟出土后，文化部曾邀请著名音乐家黄翔鹏、王湘等人到现场，对全套编钟逐个测音。检测结果显示，曾侯乙编钟音域跨越 5 个八度，只比现代钢琴少 1 个八度，中心音域 12 个半音齐全。

（4）铜车马

1980 年，我国考古专家在秦始皇陵西侧 20 米处的地下发掘出两乘用青铜制作的大型铜车马。在古代，一般四马一车为一乘。出土的这两乘车马均是四匹马拉的战车，大小为真车马的 1/2。这是目前我国发现年代最早、形体最大的铜铸车马，不仅有助于研究中国古代的车马制度和雕刻艺术，也对我们认识秦朝时期的冶炼工程技术有所启示。

这两件文物出土时已经破碎为 1 555 块，经过修复，复原如初。一号车古称立车，又名高车或戎车；二号车古称安车，又名辒。这两乘车均为单辕、双轮、四马系驾，各有铜御官俑 1 件。中间两匹

曾侯乙编钟

马称为服马，主要用来驾辕；旁边两匹马协助服马拉车，称为骖马。

这两乘车共有5 000多个零部件，全为铸造成型。一号车由3 064个零部件组成，全长2.25米，高度1.52米，总重量为1 061千克。车上装备齐全，盾牌、弩机、剑应有尽有。车中有一柄独杆圆盖的伞，从地面至伞顶高1.68米。这把伞可以随着车身与太阳相对位置的变化而自由转动180度。当中午两点成一线时，伞回到直立原位。伞柄上装有双环插销，拉起插销伞柄会脱离。当主人休息时，伞柄底端的两端式折叠扣能将伞折成45度角牢牢地插在泥土里。这把伞不仅实用，也是武器，伞柄中间的短剑可作为兵器或盾牌使用。

二号车通长3.17米，高1.06米，总重量为1 241千克，由3 462个零部件组成。其中铜铸件1 742件；金铸件737件，约重3千克；银铸件983件，约重4千克。这是一种带有篷盖的豪华车，大篷盖不仅将车舆全部罩了起来，甚至连车舆前边的"驾驶室"也遮盖起来，形成封闭式的车舆。车的顶棚盖有2.13平方米之大，专家在修复过程中发现这个龟背形顶篷为一次性铸造而成，最薄的地方仅1毫米，最厚的地方也只有4毫米。这样的铸造技术在今天

秦始皇陵出土铜马车

也无法被模仿，现代人也无法做出大小厚薄完全一样的大型弧形青铜。车舆分前后两部分，前室较小，供驾车者乘坐，后室较大，供车主人乘坐。车两边的车窗采用类似今天的推拉技术铸造而成，出土后，车窗还能推拉自如。

每辆马车上均有 7 千克左右的黄金白银饰品，以显示皇家的高贵地位。马的笼头由 82 节小金管和 78 节小银管连接，每节扁状金银管长约 0.8 厘米，一节金管与一节银管以子母卯形式环环相连。其精细和灵活程度可以与现代的表链工艺媲美。马脖子上的项圈由 42 根金管和 42 根银管焊接而成，金与银的焊接点仅为头发丝粗细。马脖子下悬挂的璎珞，以及马头上象征皇家标志的纛，全部采用一根根细如发丝的铜丝制作而成。这些铜丝粗细均匀，表面并无锻打痕迹，很可能是用拔丝法制成。马头上以铜丝组成的链环是由铜丝两端对接焊成，对接面合缝严密。

铜车马在制作上运用了防锈技术、拔丝工艺、焊接工艺、镶嵌工艺、浇灌成型工艺、铸锻结合工艺、空心铸造工艺、活页连接工艺、子母扣连接工艺、子母扣加销钉连接工艺和纽环连接工艺等。

（5）古代冶铁技术

由于铁矿石的熔化温度很高，我国春秋和战国时期所使用的锻造铁器是以块炼铁为材料，也就是说，炼出的铁是通过矿石由木炭直接还原得到的。它质地疏松，呈类似蜂窝状的块状，里面有很多气孔，又含有大量的非金属夹杂物。这种炼铁方法称块炼铁法，也就是"固体还原法"，欧洲人一直延用到公元 14 世纪。

而我国在公元前 2 世纪就已经能够生产铸铁（由生铁冶炼而成）了。江苏六合程桥东周墓出土的铁丸，洛阳出土的公元前 5 世纪的铁锛、铁铲等都是生铁器物，证明在使用块炼铁法的同时，我国已经掌握了生铁冶铸工艺。生铁冶铸与块炼铁同时发展，是我国古代钢铁冶金技术发展的独特途径。从河北兴隆县出土的大量战国时的铁范来看，其中包含较复杂的复合范和双型腔，并采用了难度较大的金属型芯，反映出当时的铸造工艺已有较高水平。战国时期，中

河北兴隆出土的战国时期的
双镰铁范

国人发明了用柔化退火制造可锻铸件的技术以及多管鼓风技术，均是古代冶金技术的重要成就，比欧洲早了两千多年。

我国生产铸铁的方法并没有什么神秘之处，只是使用了不断向熔铁炉鼓风的技术，可使炉内温度达到 1 300℃以上，使铁水熔化。然后像铸青铜器那样，先用木头做成与工件一模一样的"模"，再将"模"放在泥土和沙的混合物中，按样做成中空的"范"。将铁水浇铸到"范"中，冷凝后将"范"去掉就可以得到所需的铁制品。

生铁普及以后，人们又发现生铁有很多缺点：生铁制品虽然坚硬、耐磨，但是很脆，且难以进一步加工。此外，铸铁内部组织过于疏松、晶粒粗大，存在缩孔、气孔等缺陷，导致其可塑性差，锻打时会出现裂纹。熟铁虽然延展性好，但是很软，不能制造有一定硬度要求的工具。经过长时间的探索，终于找到了一种具有重要意义的金属材料——钢。

生铁比较脆，是因为其中含有大于 2% 的碳。从生铁中除去较多的碳，就可以得到钢。要是碳几乎除尽，就得到了熟铁。中国古人很早就知道，熟铁和木炭在高温下接触能吸收碳而使铁的强度增加，这实际上就是一种炼钢法，被称为渗碳法。将生铁炼成钢，实际是设法去掉多余的碳的过程。中国很早就有"百炼成钢"的说法，即将生铁反复冶炼锻打，既脱去碳，又去除杂质，才能成为钢。"百炼方为绕指柔"，意思就是说好钢既坚硬又柔韧，似软实硬，引申为做人的品格也应如百炼钢一样。西汉时期，百炼钢工艺在冶金工程上被采用，钢的质量较以前大幅提高。这种初级的百炼钢工艺，是在战国晚期块炼渗碳钢的基础上直接发展起来的，二者所用原料和渗碳方法均相同，因而钢中都有较多的大块氧化铁，即硅酸铁共

《天工开物》所载"生熟炼铁炉"

晶夹杂物存在，所不同的是百炼钢增加了反复加热锻打的次数。锻打在这里不仅起着制品加工成型的作用，同时也起着使夹杂物减少、细化和均匀化，晶粒细化的作用，使钢的质量显著提高。从河北满城一号西汉墓出土的刘胜佩剑、钢剑和错金宝刀上看，它们虽与易县燕下都钢剑所用的冶炼原料相同，但通过金相检查，钢的质量却有显著的提高，这些正是百炼钢技术兴起的产物。

西汉末期又出现了生铁炒炼技术。所谓炒炼，就是将生铁加热成半液体或液体状态，然后向其中加入铁矿粉，同时不断搅拌，利用铁矿粉和空气中的氧，烧去生铁中的一部分碳，即进行脱碳，降低生铁中碳的含量，除去渣滓，从而达到需要的含碳量，并经过反复热锻，打成钢制品。利用这种新工艺炼钢，既省去了繁杂的渗碳工序，又能使钢的组织更加均匀，消除由块炼铁带来的影响性能的大共晶夹杂物，提高熟铁产量和质量，为百炼钢提供更多的原料，而且如果控制得好，还可以直接得到钢（称为"炒钢"），这在我国钢铁冶炼史上是一项重要的成就。

百炼钢虽然在汉代风行一时，但固体渗碳工序费工又费时，同时在炒钢过程中控制钢的含碳量是一项复杂的工艺。随着生产的发展，人们要求发展工艺简单、好控制、成本较低且保证质量的炼钢方法，于是在两晋南北朝时期又出现了以灌钢为主的炼钢技术。

2. 爱好道术的冶金家——綦毋怀文

南北朝时期，我国出现了一位爱好道术的冶金家——綦毋怀文。綦毋怀文，襄国沙河（今邢台沙河）人，生活在公元6世纪北朝的东魏、北齐间，好"道术"，曾经做过北齐的信州（今四川奉节一带）刺史。他总结了历代炼钢工匠的丰富经验，对当时一种新的炼钢方法——灌钢法，进行了突破性的改进和完善，同时在制刀和热处理方面也有独特创造，为我国冶金技术的发展做出了划时代贡献。

据史书记载，綦毋怀文的炼钢方法是"烧生铁精，以重柔铤，数宿则成钢"。就是说，选用品质较好的铁矿石，冶炼出优质生铁。生铁熔点低，易于熔化。然后，把液态生铁浇注在熟铁上，经过几度熔炼，使铁渗碳而成为钢。由于是让生铁和熟铁"宿"在一起，所以炼出的钢被称为"宿铁"。这种方法，后人叫作生熟炼或灌钢法。灌钢法操作简便，容易掌握。要想得到不同含碳量的钢，只要把生铁和熟铁按一定比例配合好，加以熔炼就可以了。灌钢冶炼法的发明和推广，对于增加钢的产量，改善农具和手工工具的质量，促进社会生产力的发展，起到了积极作用。

綦毋怀文还对中国古代刀剑技术的发展做出了巨大贡献。他在研究前人制刀经验的基础上，经过不断实践，发明了一套新的制刀工艺和热处理技术。綦毋怀文制刀的方法是先把生铁和熟铁以灌钢法烧炼成钢，做成刃口，并"以柔铁为刀脊，浴以五牲之溺，淬以五牲之脂"[1]。这样做出来的刀称为"宿铁刀"，其刀刃极其锋利，能够一下子斩断铁甲30扎。中国早在战国时代就使用了淬火技术，但是长期以来，人们一般都是用水作为淬火的冷却介质。虽然三国时的制刀能手蒲元等人已经认识到，用不同的水作淬火的冷却介质，可以得到不同性能的刀，但仍没有突破水的范围。綦毋怀文则实现了这一突破，他在制作"宿铁刀"时使用了双液淬火法，即先在冷却速度快的动物尿中淬火，再在冷却速度慢的动物油脂中淬火，这

---

1 宋应星. 天工开物 [M]. 北京：中国画报出版社，2013:128.

样可以得到性能较好的钢，突破单纯使用一种淬火（即单液淬火）
的局限。这是一种比较复杂的淬火工艺，在当时没有测温、控温设
备的条件下，完全依赖经验操作，是很了不起的成就。

3. 杜诗与水排的发明

冶炼设备的革新，也是古代冶金技术发展的重要表现之一。西
汉时期，炼铁的竖炉就已得到改进，炉型扩大，以石灰石为熔剂，
这便对鼓风设备提出了新的要求。早期冶炼过程中，大都是用皮囊
以人力鼓风，既笨重又不实用。后来工匠们不断创新，采用畜力代
替人力，出现了"马排"和"牛排"，但仍无法满足高炉生产的需要。
东汉后期，杜诗总结了南阳冶铁工人的实践经验，创造了用水力鼓
风的"水排"。

杜诗，河内汲县（今河南卫辉）人。公元 31 年，他升任南阳
郡太守。南阳早在战国时代就是以冶铁著称的手工业地区，冶铁技
术素来比其他地区发达，且下辖的矿山均建在河流旁边。杜诗上任
后，体察民情，善于思考，对当地冶炼经验进行总结，发明了水排
（水力鼓风机），以水力传动机械，使皮制的鼓风囊连续开合，将空
气送入冶铁炉。利用水排鼓风生产钢铁，较之人力、畜力，节省了
大量的劳动力，大大提高了冶炼效率。我国水排的出现比欧洲早了
一千多年，到魏晋时期，水排已经得到了广泛的应用。

二、建筑工程与实践者

1. 秦汉时期的"万里长城"

中国古代的建筑工程主要分为两种，军事建筑工程和宫廷、民用建筑工程。"琵琶起舞换新声，总是关山旧别情。撩乱边愁听不尽，高高秋月照长城。"唐代著名边塞诗人王昌龄的这首《从军行》总是唤起人们对古老长城的遥远遐想。长城正是我国古代军事建筑工程的代表。

长城的修筑历史可以追溯到公元前 9 世纪。当时，周宣王为防御北方民族的侵袭，修建了列城和烽火台。战国时期，齐、魏、赵、燕、秦等诸侯国都在各自边境修筑高大的城墙，以防邻国入侵。七国纷争激烈，互相兼并，北方匈奴人则乘机侵扰燕、赵、秦等国边境，大肆掠夺。这三国均重视构建防御城墙，并派驻重兵把守。为保证万无一失，他们将绵延不绝的列城和烽火台连接起来，故称长城。

当时各诸侯国的国土面积大小不同，各国的长城也长短不一。据文献记载和遗迹考证，楚长城西起湖北竹山，跨汉水，越邓县、内乡，经鲁山、叶县至泌阳，总长近 500 千米；齐长城西起山东平阴，经泰安、章丘、莱芜、淄川、临朐、安丘、诸城等地，至胶南入海，总长约 600 千米；魏长城起自华山，沿黄河北行，长约 300 千米；燕长城有两道，南长城长约 250 千米，北长城长约 650 千米。这些长城自成体系，互不联贯。

"万里长城"这一称呼始于秦朝。公元前 221 年，秦始皇统一六国。从秦始皇三十三年（公元前 214 年）派蒙恬伐匈奴开始，到始皇病逝（公元前 210 年）止，共用 5 年时间筑成长城。秦始皇曾派蒙恬将军带领 30 多万人，北伐匈奴。蒙恬斥逐匈奴后，开始修筑长城，利用地形，沿黄河、阴山设立屏障要塞，北面和东面沿赵、燕的旧长城，西面利用秦昭王的旧长城，将它们连接起来，并

加以增筑、扩建，筑成西起临洮（今甘肃省南部洮河边），经今甘肃、宁夏、陕西、山西、内蒙古、河北和辽宁等省、自治区，东至辽东，直抵鸭绿江，绵延万余里的秦长城。

汉代，北方匈奴人经常入侵。从汉文帝、汉景帝开始，继续修缮秦长城，以保护河套、陇西等地不受入侵和骚扰。汉长城西起大宛贰师城、经龟兹、车师（均在今新疆境内）、居延（今内蒙古境内），直到黑龙江北岸，形成了一道坚固的防线。

从南北朝到元代，中间很多王朝都修过长城，但规模都不如秦汉时代。公元5-7世纪，北魏、北齐、北周相继修筑的长城各有650千米、1 000千米和1 500千米。公元12世纪，金代也在今内蒙古自治区东部至外贝加尔地区，修筑了长达4 000多千米的长城。

明朝建立以后，在其统治的两百多年中，官府几乎没有停止过修筑长城和巩固长城的防务。最后修成了全长6 000余千米，东起鸭绿江，西达祁连山麓的长城，也就是我们今天所见到的万里长城。

自春秋、战国时期开始，各个朝代修建长城前后经历了两千多年。其中秦、汉、明三个朝代所修长城的长度均超过1万里（约5 000千米）。若把各个时代修筑的长城加起来，大约有10万里（约50 000千米）以上。所以，长城堪称是"上下两千年，纵横十万里"的伟大工程奇迹。

2. 秦汉时期的道路与城市规划

修建驰道和栈道，是秦汉时期规模宏大的道路建设工程，也是古代陆路交通工程的创举，其规划、选线、设计和施工，都显示出空前的工程技术水准和组织效率。秦驰道的开通和应用，在中国古代交通史上具有极其重要的地位。对于军事交通的发展历程而言，秦驰道具有里程碑式的意义。同时对于中国陆路交通的发达，促进经济文化的交流，也具有重大意义。

秦时建设的交通道路有驰道和直道。驰道是以国都咸阳（今陕西咸阳市东）为中心，通向全国各个重要地区，尤其是六国的古都延伸出去的秦代标准化道路，类似现代的国道。多数历史书认为，驰道中也包含直道；也有专家提出，直道和驰道不同，应分别归类，因为修建的目的不同。直道只有一条，即由云阳县的甘泉山通到九原郡，全长"千八百里"，其道路北口与南口大体南北相对，所以才有"直道"的名称。直道的修筑则是为了打击、阻遏匈奴奴隶主贵族的向南侵扰。后人将秦长城、阿房宫、始皇陵、灵渠、直道、驰道和五尺道并称秦朝七大工程。

秦始皇统一中国后，下令筑驰道。驰道以咸阳为中心，有东方大道（由咸阳出函谷关，沿黄河经山东定陶、临淄至成山角），西北大道（由咸阳至甘肃临洮），秦楚大道（由咸阳经陕西武关、河南南阳至湖北江陵），川陕大道（由咸阳到巴蜀等），此外还有江南新

秦直道横卧子午岭

道，南通蜀广、西南达广西桂林；北方大道，由九原（今包头）大
致沿长城东行至河北碣石，以及与之相连的从云阳（今陕西淳化）
至九原的长达900余千米的直道等。根据车同轨的标准，秦驰道均
宽五十步，可并驰两车，以利于管理原来的六国旧地，便于战争时
为前线送补给，还能使始皇出巡时畅通方便。除秦直道和秦栈道外，
驰道大多在秦故地与六国旧道以及在秦征伐六国时修建的道路基础
上拓建而成。

　　秦始皇为加强北边防务，委派蒙恬修筑秦直道，以抗击匈奴威胁，
该道由云阳的甘泉林光宫（在今陕西淳化西北）向北，直通长城防
线上的军事重镇九原（今内蒙古包头西北），是连接关中平原与河套
地区的主要通道。对于秦直道的开工时间，《史记·秦始皇本纪》和《史
记·六国年表》都有明文记载，即在秦始皇三十五年（公元前212
年）。但秦直道究竟完工于什么时候，史籍没有记载。一般据秦始皇
三十七年（公元前210年）七八月间胡亥等人曾经由直道南返咸阳
的记载，人们推断秦直道即竣工于这一年，即秦代修筑直道只用了

两年半时间。但《史记·蒙恬列传》也记载："始皇欲游天下，道九原，直抵甘泉，乃使蒙恬通道，自九原抵甘泉，堑山堙谷，千八百里。道未就。"司马迁已经明确说"未就"，则可知当秦始皇崩逝沙丘、蒙恬含冤而死之际，直道并没有竣工。这说明发端于秦始皇的直道工程，实与阿房宫工程一样，一直持续到秦二世时期。

按这一说法，有人推断该工程从秦始皇三十五年（前212年）至秦二世三年（前207年），总共历时约五年，其中前两年多为第一期工程，所筑之路虽可使用，但仍然"道未就"，后两年多则为第二期工程，修缮之后，直道才完全竣工。直道是完全新开的道路，加之修筑于子午岭峰巅，"堑山堙谷"，工程异常繁杂艰巨。以最保守的路长度600千米，平均宽度50米，夯土路基厚50厘米来计算，秦直道的夯土土方量大约1 500万立方米，按照汉代算术书《九章算术》中的比率，取土工程量大约2 000万立方米。就是说，秦直道工程取用和移动的土方，如果堆筑成高1米、宽1米的土墙，足可以绕地球半圈。

秦直道是秦始皇为抵御匈奴势力南侵而兴筑的，它与秦长城一样，都是具有军事战略意义的工程。直道与长城呈丁字相交，加强了秦都咸阳所在的关中地区与北方河套地区的联系，使匈奴不敢轻易南下进犯。秦直道的军事交通效用，还表现在沿线的烽燧通信系统承担着军事信息传递的功能。这一功能在汉代依然发挥着作用。秦驰道的筑成，不仅对维护诞生伊始的秦帝国的宏伟大厦和统一安定的政治局面具有极其重要的战略意义，而且在此后相当长时间内，在促进国家稳定、中原内地与北方少数民族地区以及陕甘宁诸省区之间的经济与文化交流方面均起着积极的作用。

秦统一六国后，咸阳也由一个列国国都变为大一统封建帝国的都城。城市性质和地位变了，城市规模及规划规格也相应要变化，于是中国有了最早的城市形态和城市规划的工程实践活动。古代咸阳城在历史上独具一格。其磅礴的气势，宏大的设想，奇异的构思，反映了秦代革新进取，开万世基业的万丈雄心。

在古代，"城"是修筑城墙抵御外来入侵的集中居住地，"市"

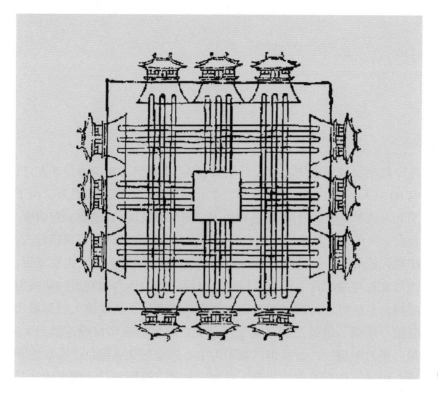

《考工记》记载的王城规划图

是指交换多余产品和生活必需品的地方；随着社会生产力的发展，两者所在地渐渐融合在一起，功能逐渐交叉融合，遂有"城市"一说。

秦始皇之所以定都咸阳，主要是考虑了政治因素、军事因素、经济因素、交通条件、历史背景等，咸阳城址的选择方式也成了后来中国古代皇帝定都的参考模式。从政治上看，从秦孝公起，经秦国七代国君长达 144 年（公元前 350—前 206）的经营，咸阳已经成为政治上的大本营。从军事上看，咸阳地处渭水流域，北依九嵕山，南屏终南山，有"据山河之固，东向以制诸侯"的战略地理条件。从经济上看，咸阳位于关中平原的中心地带，正处在沣河、渭水交汇地点以西的三角地，土地肥沃，农产丰富。从交通方面看，咸阳是南北大道要冲，由渭北的一条古道，东出可通晋关（今陕西大荔县东黄河岸），过黄河经蒲坂（今山西运城西南蒲州镇），直抵魏国；古道至渭南向东至崤函关隘（今河南灵宝西南），可逐鹿中原。同时，由咸阳出发，沿渭水至黄河，水路交通方便。从历史看，咸阳距离西周都城镐京近，又曾是周封国毕邑的所在地，人口集中，经济开发较早。

秦始皇在对咸阳故城进行规划和改造时，首先考虑到的是人口的承载能力。统一六国后，秦始皇要求各国有钱人移居到咸阳城居住，以充实咸阳经济实力，计划要移居 12 万户，如以每户 5 人计，有 60 万人。加上咸阳原有人口，估计城市人口规模接近百万。由于渭北人地矛盾更加突出，于是城市规划向渭南发展。在渭南兴建诸庙、章台、兴乐宫、甘泉宫、信宫、阿房宫及上林苑。阿房宫规模惊人，拟取代咸阳宫，作为规划中心的新"天极"。同时，渭北也要发展，在渭北扩建咸阳宫、翼阙，营建了规模宏阔的仿六国宫殿，使咸阳故城向东扩展。并在外围兴建兰池宫、望夷宫。这样庞大的都城用复道、阁道、甬道把渭河南北以及关中地区的众多宫殿连接起来。最后是治驰道。开始修筑以咸阳为中心的全国交通网，把秦故地和原六国境内的旧道连接起来，并加以扩建。秦统一后，国家的动员力空前强大，驰道得以在几年内迅速建成。

在今天看来，咸阳城规划有其自身的独特性。首先是以宫廷为建构的核心。先立宫室，而后作城。其次是以水系为骨架，以渭水为主轴展开。布局考虑到宫殿、园林、住区、陵墓、市肆、对外交通、基础设施、城市管理、经济、社会、文化等方面的需要。市里及作坊布置在临渭河的城南，可充分利用渭水，既方便生活，又有利于城市工商经济的发展；将宫和官办手工业作坊按生产专业分区布置，分区规划合理。规划布局受《考工记》都邑营建制度的影响，但基本体现了从实际出发，"就地利"的原则。

更令人惊叹的是咸阳城的规划融合了象天思想，以天体观念来建设咸阳，以阿房宫为"天极"，渭河为"天汉"（银河），众多宫室为"星座"。运用天体规划观念，进一步扩展到广阔的京畿地区，构成了京畿一体的"大咸阳"。《史记·秦始皇本纪》："乃令咸阳之旁二百里内宫观二百七十复道甬道相连。"意思是：再次本着天体观念，以咸阳为"天极"，通过复道甬道的联系，将城周二百里内二百七十座宫观，聚集在"天极"周围，形成众星拱极。

以咸阳渭水桥建筑为例，该工程规模宏大，并且使用了夯锤打桥桩的技术，《三辅黄图》记载："渭水贯都，以象天汉；横桥南渡，以法牵牛。"意思是说渭水横贯秦都咸阳城，以象征天上的银河，而横跨渭水造桥梁，以象征鹊桥使得牛郎织女得以相会。而这座象征鹊桥的桥梁颇为壮观,"桥广六丈,南北二百八十步,六十八间,八百五十柱,二百一十二梁,桥之南北堤,激立石柱"。书中将渭桥归功于秦始皇,"渭桥,秦始皇造"。

关于渭桥修建时遇到的一个工程难题,《三辅黄图》和《水经注·渭水》中都有记载:渭水"又东南合一水,迳两石人北,秦始皇造桥,铁墩重不胜,故刻石作孟贲等像以祭之,墩乃可移动也"。不过铁墩过重而无法移动的问题,通过雕刻大力士的像就可以解决的记载,实际上是忽略了工程师的智慧,令我们无从得知究竟是哪位工匠,想出了怎样的机巧最终移动了铁墩而解决了这个工程难题。这些记载显示渭桥在秦始皇营造时曾用铁制的桥墩,近年来在四川广汉清理出了汉代的铁墩遗址,铁墩外侧铸有铭文:"……桥墩,重四十五石,太史元年造。"这一实物可以作为推测秦汉时铁墩重量的参考。[1]

咸阳故城规划分为九大区:(1)宫廷区。(2)六国宫殿。《史记·秦始皇本纪》:"秦每破诸侯,徙放其宫室,作之咸阳北阪上,南临渭,自雍门以东至泾、渭,殿屋复道周阁相属。"(3)市。咸阳的"市"不只一处,有"咸阳市""直市""平市"等,位于咸阳故城南部,渭河北岸的作坊及居民遗址附近。(4)宗庙。在渭河以南,共有七庙,具体位置在长乐宫和未央宫之间。(5)陵墓。帝王的陵墓是都城规划中必须考虑的。咸阳陵墓区包括渭北的秦惠文王、秦武王陵区,以及位于骊山西麓的东陵和骊山北麓的秦始皇陵。这些陵墓有机地与都城连在一起,成为都城建设中一个重要部分。(6)离宫别馆。当时关中有离宫三百,在咸阳旁就有二百七十座离宫别馆。而且把这些离宫用复道、阁道、甬道联结起来,非常壮观。秦还在咸阳附近修建了供王公狩猎休息所用的苑囿,有著名的上林苑、宜春苑。秦始皇直接把阿房宫修在上林苑中,开创了我国古代宫苑结合的先例,这对后代有很大影响。(7)手工作坊。为宫廷服务的官府手工业作坊区,布置在宫廷附近;民营作坊区布置在渭河北岸一带。(8)

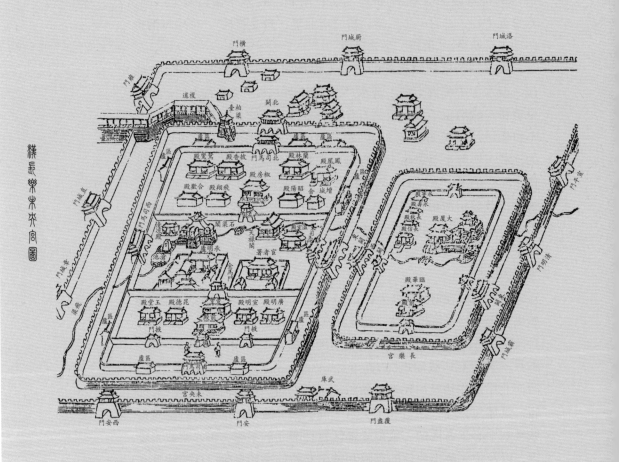

《关中胜迹图志》所载汉长乐
宫、未央宫图

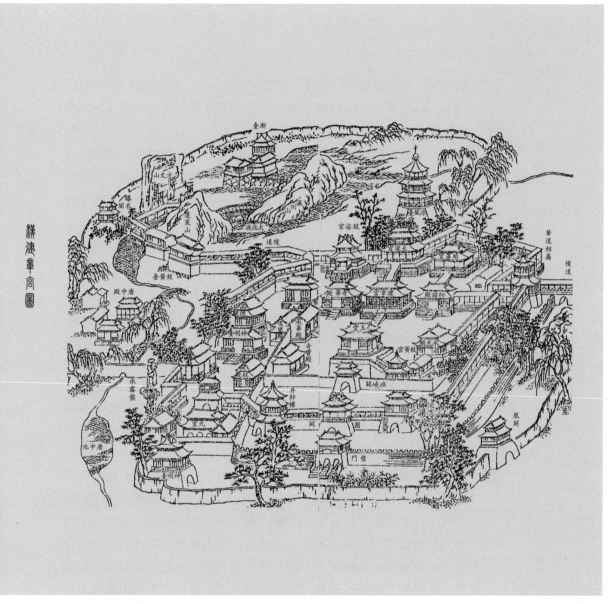

《关中胜迹图志》所载汉建章
宫图

居住区。位于咸阳故城西南和宫廷区南面一带，城南为主要居民区。
（9）一般墓葬区。故城西北部有中小型墓葬群，属城市居民的一般
墓葬区。[1]

秦末爆发了农民起义，秦王朝的都城必然受到摧毁，到西汉建
国时，一个新的城市又拔地而起了。它就是著名的长安城。秦代咸
阳在现在的陕西省咸阳市偏北，而秦代长安则位于今陕西省西安市
西北 10 千米的渭河南岸，原是咸阳附近位于渭河南岸的一个乡聚的
名称，后来由于成为交通的要冲而成了兵家必争之地。刘邦采纳了
贤臣张良的建议，遂定都于此。以后各代都城也基本在此地扩建。
公元前 202 年，汉高祖刘邦在秦朝兴乐宫的基础上建成长乐宫，以
此为皇宫。两年之后，丞相萧何主持修建未央宫，作为正式皇宫。
并于长乐宫和未央宫之间修建武库，在长安东南修建中央粮库——
太仓。

在历史上，长乐宫又叫"东宫"。刘邦死后，皇帝移住未央宫。
长乐宫就专供太后居住，遂得名。长乐宫是西汉的政治中心，其总
体上是由四组宫殿组成：长信殿、长秋殿、永寿殿、永宁殿。长乐
宫是汉高祖刘邦处理政务的地方。

长安城里有三级宫殿：长乐宫、未央宫、建章宫，合称"汉三
宫"。长乐宫位于城东南角，平面近方形，周围夯筑宫墙，墙基宽 20 米，
周长 1 万米，面积约 6 平方千米，相当于汉长安城的六分之一。宫
墙的四面有门，宫内的殿址破坏严重。汉惠帝刘盈即位后，开始修
筑长安城城墙，还修筑了东市、西市和北宫、社稷、宗庙等重要建
筑。这时长安城初具规模。西汉中期，汉武帝在长安城内修筑了桂
宫和明光宫，在上林苑内营筑了建章宫，在都城西南郊开凿了昆明湖，
扩建了皇室避暑胜地——甘泉宫。汉长安城的建设，这时达到了顶
峰。西汉末年，王莽在都城南郊大规模修筑了礼制建筑群，包括明堂、
辟雍、宗庙和太学。[2]

---

1 刘庆柱. 论秦咸阳城布局形制及其相关问题 [J]. 文博，1990(5):200-211.

2 李毓芳. 汉长安城的布局与结构 [J]. 考古与文物，1997(5):72-75.

3. 秦始皇陵与兵马俑

宫殿、坛庙、陵墓都是中国古代最隆重的建筑物。历代朝廷都耗费大量人力物力,使用当时最成熟的技术和艺术来营造这些建筑。这三者在一定程度上能反映出当时最高的工程成就。随着私有制的发展,贫富分化和阶级对立逐渐产生,反映在墓葬建造上则表现为墓穴和棺椁的出现。商周时期,作为奴隶主最高规格的墓葬形式,已经出现了墓道、墓室、椁室以及祭祀杀殉坑等。秦始皇开创了中国封建社会帝王墓葬规制和陵园布局的先例,也体现了中国古代工匠在这方面的工程成就。

秦始皇陵集中体现了"事死如事生"的礼制,规模宏大,气势雄伟,结构独特。秦始皇陵于始皇即位起开工修建,前后历时 38 年之久,动用修陵人数最多时近 80 万。据史书"使丞相斯将天下刑人徒隶七十二万人作陵,凿以章程"来看,秦始皇陵的修建必定是按设计图有计划地营造。

秦始皇陵位于临潼县城东 5 千米处,距西安市约 37 千米,南倚骊山,北临渭水。陵墓近似方形,顶部平坦,腰部略呈阶梯形,高 76 米,东西长 345 米,南北宽 350 米,占地 120 750 平方米。根据初步考察,陵园分内城和外城两部分,共 10 个城门。内城呈方形,周长 3 000 米左右,北墙有 2 门,东、西、南 3 墙各有 1 门。外城呈矩形,周长 6 200 余米,四角各有门址一处。内、外城之间有葬马坑、珍禽异兽坑、陶俑坑;陵外有马厩坑、人殉坑、刑徒坑、修陵人员墓葬 400 多个,占地约 56.25 平方千米。陵墓地宫中心是安放秦始皇棺椁的地方。主要陪葬坑有铜车马坑、珍禽异兽坑、马厩坑以及兵马俑坑等,历年来已有 5 万多件重要历史文物出土。1980 年发掘出土的一组两乘大型彩绘铜车马——高车和安车,是迄今中国发现的体形最大,装饰最华丽,结构和系驾最逼真、最完整的古代铜车马,被誉为"青铜之冠"。

秦始皇陵有很多陪葬陵,其中轰动中外,堪称世界奇迹的是兵马俑。1974 年,骊山脚下的西杨村村民杨全义在打井过程中,发

秦始皇陵出土兵马俑

现了一个陶制的神像，以及大量的俑头、俑身和俑腿等碎片。考古学者按照原来的茬口用树脂胶将它们粘合起来，竟然是一批秦代武士陶俑。仅现在已经开掘的 1 号坑的面积，就有 14 260 平方米。在这个坐西面东的长方形坑内置放着 6 400 多个完全和真人真马同样大小的兵马俑。其阵势是一个以 210 人为前锋、38 路纵队为主体、3 个队列为侧翼和后卫的大型军阵。紧靠它北面的 2 号坑，经初步钻探和试掘，面积也有 6 000 平方米，其中预计有 1000 多个兵马俑，包括弩兵、车兵、骑兵。3 号坑，经钻探和试掘，也发现有以军官俑为主体的 68 个兵马俑。从整个布局来看，3 号坑无疑是这支地下御林军的指挥部。

　　如此规模巨大的俑坑和气势森严的军阵，凝结了古代艺术家和劳动人民创造性的智慧和艰辛的劳动。等到将来所有兵马俑出土、修复、排列，我们也许可以看到两千多年前"奋击百万，战车千乘"的秦军阵容的一个缩影。

三、水利工程与实践者

1. 春秋时期的治水专家——孙叔敖

人们常说黄河是中华民族的发源地。亿万年来，黄河挟西北高原的肥沃土壤下行，冲积成黄淮海大平原，先民在这里生息滋养。沿干支流，既有水饮用、灌溉，又有沃土种植开发，人们由渔猎转向农业。有河流才有种植业，才能使我们的祖先摆脱游牧和狩猎生活，进入农耕文明。于是黄河就有了中华民族摇篮的称号。

农耕文明总是与治水分不开。我国的水利工程历史悠久，早在原始公社时期，我们的祖先就已经开始治理水害、开发水利的工程实践活动。远古的人们为了生存，一方面离不开河流湖泊，另一方面又往往受河水泛滥之害。起初，他们"择丘陵而处之"，躲避洪水灾害，进而修筑堤埂，积极抵御洪水，开始了原始形态的防洪工程。随着农业和商业的发展，人工灌溉和开凿人工运河等水利工程也相继出现。

我们最早可以追溯到远古关于共工氏治水的传说。共工氏由于擅长治水在各氏族部落中有较高的声誉，"共工氏以水纪，故为水师而水名"。传说他们的后代子孙还曾经帮助大禹治水，立下大功，因而被后人所祭祀。著名的大禹治水的传说更是家喻户晓，他"三过家门而不入"的故事在九州大地代代相传。尽管古代没有工程师之称，但那些致力于水利工程的劳动人民，那些改造自然的同时不断认识和掌握水的运动规律的人们，奠定了我国封建社会水利的初步基础，促进了社会和经济的发展，同时也拯救了一方百姓。在以农业为主要经济的古代社会中，水利对社会政治、经济的影响极为重大。它是社会生产力的一个重要方面，也是农业进步和社会文明进步的一个重要标志，并且同社会生产关系和上层建筑有着极为密切的关系。

孙叔敖雕像

　　早在春秋时期，楚国就出了一位名为孙叔敖的著名治水专家。孙叔敖（公元前630—前593）最初在楚国做官，楚庄王时官至宰相。孙叔敖做官后，施政教民，服官济世，官民之间和睦同心，风俗淳美。他十分热心水利事业，主张采取各种工程措施，"宜导川谷，陂障源泉，灌溉沃泽，堤防湖浦以为池沼。钟天地之爱，收九泽之利，以殷润国家，家富人喜。"他是一位实实在在的水利工程师，带领人民大兴水利，修堤筑堰，开沟通渠，发展农业生产和航运事业，为楚国的政治稳定和经济繁荣做出了巨大贡献。他除了在今安徽寿县兴建中国最早的水库——芍陂（安丰塘）工程外，还在其家乡河南期思镇创办了雩娄灌区。

　　雩娄，是春秋、战国时期吴楚之间的地名，先属吴，后为楚域。"雩娄"二字单从字面上看，折射出淮夷氏族遇旱祭天、舞以祈雨的风土遗习。楚庄王九年（公元前605年），孙叔敖主持兴建了我国最早的大型引水灌溉工程——淮河期思雩娄灌区。该工程在史河东岸凿开石嘴头，引水向北，称为清河；又在史河下游东岸开渠，向东引水，称为堪河。利用这两条引水河渠，灌溉史河、泉河之间的土地。这一灌区的兴建，大大改善了当地的农业生产条件。提高了粮食产量，满足了楚庄王开拓疆土对军粮的需求。

　　深知水利对于治理国家的重要性，楚庄王便任命治水专家孙叔敖担任宰相职务。任职宰相之后，孙叔敖继续推进楚国的水利建设，在楚庄王十七年（公元前597年）左右，他又发动百姓兴建了我国最早的蓄水灌溉工程——芍陂工程。当时，淮河以南的寿春，是楚国的主要粮食产地之一，这里粮食的丰歉，对人民的安定和军粮的供应影响极大。孙叔敖在淮河以南，淠河以东，察看了大片农田的旱涝情况，又沿淠水上游行进，翻山越岭，勘测了来自大别山的水

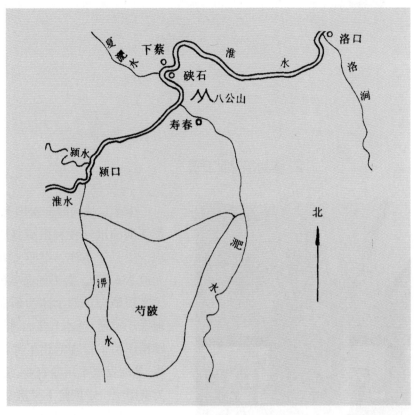

源。最终，他选定淠河之东、瓦埠湖之西的长方形地带，就南高北低的地形和上引下控的水流，合理布置工程，大规模围堤造陂，建成的陂周长约120里。该工程向上引龙穴山、淠河的水源，向下管控了1 300多平方千米的淠东平原，号称灌田万顷，因当时陂中有一白芍亭，故名"芍陂"。他还在芍陂建了5个水门。以淠水至西南一门入陂，其余四门均供防水用途，其中2个水门用小水沟将芍陂与淝水相通，起着调节水量的作用。

芍陂的兴建，适合国情，深得民心，造福于民。为了称颂孙叔敖的历史功绩，后人在芍陂等地为其建祠立碑。清代著名学者顾祖禹称芍陂为"淮南田赋之本"，其重要性由此可见。1957年，毛泽东主席视察河南信阳期思镇时，还专门询问孙叔敖的古迹，并高度评价了孙叔敖的治水业绩，称他是一个水利专家。[1]

---

1 刘焕启.孙叔敖：重大水利工程的"鼻祖"[J].地球，2014(2)：94-97.

2. 李冰与都江堰

李冰石像

李冰是战国时期秦国著名水利专家，都江堰的设计者和组织兴建者，生于四川，生卒年不详。秦昭王五十一年（公元前256年），秦王任命学识渊博且"知天文识地理"的李冰为蜀郡守，彻底治理岷江水患。李冰上任后，排除重重险阻，励精图治，指挥修建了都江堰等水利工程，从而发展了川西农业，造福成都平原，为秦国统一中国打下经济基础。

岷江发源于岷山山脉，从成都平原西侧向南流去，对整个成都平原来讲可称得上是"地上悬江"。成都平原的整个地势从岷江出山口玉垒山，向东南倾斜，坡度很大，每逢岷江洪水泛滥，成都平原就一片汪洋；一旦遇到旱灾，又是滴水不流，颗粒无收。岷江水患长期祸及川西，鲸吞良田，侵扰民生，成为古蜀国生存发展的一大障碍。

在李冰之前，传说大禹也曾在玉垒山处治过水，使岷江水分出一支流入沱江，减轻成都平原的涝灾。蜀国国王也曾于公元前6世纪任用鳖灵为相在玉垒山处治水，并取得了一定成效。前人治水的主要目的是解决岷江的水害。而李冰治水的目的，一是要解决成都平原的洪涝灾害，保障成都的安全；二是将西山（岷山山脉）木材及货物船运到成都，而后可通过长江运往全国；三是修整平原上的河道，使之成为灌溉渠，排出积水，灌溉农田，保证农业的收成。这三个问题均是历史难题。

李冰先对岷江以及成都平原的自然河道进行了实地考察，最后决定在岷江流出群山，刚入成都平原处兴建水利工程。这里是三角形成都平原的顶点，海拔高度也最高，岷江从这里向西南流经成都平原。在这里开一条引水渠，以下连接疏通的自然河道或人工渠，将一部分岷江水引向成都平原北、东、南，流经彭山县再汇入岷江正流。这样不仅能够实现渠系自流灌溉，还可以在平原上形成处处小桥流水的农田灌溉网。

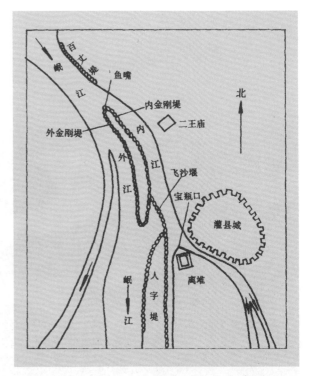

都江堰工程布置示意图
（1949 年前）

李冰废除了以前开凿的引水口，把都江堰的引水口上移至成都平原冲积扇的顶部灌县玉垒山处，这样可以保证较大的引水量，形成通畅的渠首网，实现"引水以灌田，分洪以灭灾"的治水理念。为了使岷江的水能够东流，李冰首先把玉垒山凿开了一个 20 米宽的口子。被分开的玉垒山的末端，状如大石堆，此即后人所谓的"离堆"。此外，他还采取在江中心构筑分水堰的办法，把江水分作两支，逼使其中一支流进经特殊设计的入水口（宝瓶口）中。

都江堰的主体工程包括鱼嘴分水堤、飞沙堰溢洪道和宝瓶口进水口。依照当时的工程条件，实现难度非常大。首先是修筑分水堤的工程困难重重。在尝试采用江心抛石筑堤的方法失败之后，李冰另辟蹊径，让竹工编成长三丈、宽二尺的大竹笼，里面装满鹅卵石，一个一个地沉入江底，终于战胜了湍急的江水，筑成了分水大坝。因其前端开头犹如鱼头，故取名"鱼嘴"。

鱼嘴分水堤长约 3 000 米，它迎向岷江上游，把迎面而来的岷江水从中间分为内江和外江。外江（南）是岷江主流，内江（北）是灌渠咽喉，故又称灌江。鱼嘴在江中的位置很巧妙，保证了夏天四成江水入内江、冬天六成江水入内江，这样既能防洪，也能保证灌区用水。春耕用水季节，内江进水六成，外江进水四成；夏秋洪水季节，内外江进水比例自动颠倒过来，内江进水四成，外江进水六成。

都江堰渠首"鱼嘴"风貌

鱼嘴前距上游的白沙河口 2 050 米。其间有靠东岸的"百丈堤"，是人工沙石工程，全长 1 950 米，作用是将洪水和沙石逼向外江，并起到护岸作用，防止河床改变。鱼嘴后部是一长堤，高出水面 5~7 米，将内江、外江隔离。沿堤下至 710 米处为一缺口，宽 240 米，缺口处堤高 2 米，内江水涨，洪水带着泥沙由此排出，流向外江，效果极佳，称飞沙堰溢洪道，古称侍郎堰。飞沙堰与离堆之间还有一道人字堤和 64 米宽的人字堤溢洪道，同样起着排洪水、排沙石的作用。

更令人赞叹的是，鱼嘴充分利用弯道环流原理，表面清水冲往凹岸，含沙浊流从河底流向凸岸，成功地完成了水流的自动排沙。鱼嘴的精妙，即使从今天的水利技术来看都令人叹服，然而，就是这样巧夺天工的设计，在秦汉之后的数百年间，却找不到任何历史记载。直到南宋时期，学者范成大亲临都江堰，才对鱼嘴的结构作了第一次描述。

宝瓶口距飞沙堰下口 120 米处，是玉垒山麓被人工凿开的一个缺口，内江由这里流出入灌区。其底宽 14.3 米，顶宽 28.9 米，高 19 米，山崖上有水则（水位标尺），缺口内是一个洄水沱，称伏龙潭。这里是天然的洪水节制闸，是灌区引水渠的"瓶颈""咽喉"。鱼嘴分流的内江水，直流而下，经飞沙堰至宝瓶口，急流受狭窄的宝瓶口所阻，形成一大洄水沱，壅水超过水则（水位标尺）规定值时，所壅之水旋转回去，带着沙石从飞沙堰排去外江。飞沙堰的高度与灌区所需水量在伏龙潭壅水的水位高度是一平面，多余的就排去外江，水位平面就靠宝瓶口自然控制。

都江堰水利工程中各种设施构件，都为卵石、竹笼、杩槎构成，就地取材，便利而价廉，是最省费用而效率高的水利工程典范。都江堰的创建，以不破坏自然资源，充分利用自然资源为人类服务为前提，变害为利，使人、地、水三者高度和谐统一，也是一项伟大的"生态工程"。

与都江堰兴建时间大致相同的古埃及和古巴比伦的灌溉系统，以及中国陕西的郑国渠和广西的灵渠，都因沧海变迁和时间的推移，或湮没，或失效，唯有都江堰独树一帜，至今还滋润着天府之国的万顷良田。

据《华阳国志》及《水经注》等书记载，李冰还疏导雒水（石亭江）、绵水（绵远河），修建沱江流域的灌渠，并主持了新津、彭山一带的灌溉、航运等水利工程。

此外，李冰还是一名具有开创性的桥梁工程师。在都江堰的建设中，他同时在渠上建桥，其中最著名的作品是成都的七桥。《华阳国志·蜀志》记："长老传言，李冰造七桥，上应七星。"李冰按天象北斗七星来设计桥群，成为最早的有意识的桥群布局工程。除此之外，李冰还学习了羌族用竹、竹索造桥的方法，在蜀州建造了很多竹索桥。

李冰为蜀地的发展做出了不可磨灭的贡献，两千多年来，四川人民将李冰尊为"川祖"。1974年，人们在都江堰枢纽工程的工地上，发掘了李冰的石像，其上题记："故蜀郡李府郡讳冰。"

3. 郑国与郑国渠

战国末期，中国还出现了一位卓越的水利专家，名叫郑国，出生于当时的韩国都城新郑（今河南省新郑市），生卒年不详。郑国曾任韩国管理水利事务的水工（官名），参与治理荥泽水患以及整修鸿沟之渠等水利工程，后被韩王派去秦国修建水利工事，修筑了闻名中外的"郑国渠"。郑国渠是战国时期继都江堰之后又一著名水利工程，它的兴建对增强秦国的经济实力和完成统一大业起了重要作用。郑国渠修建之后，关中成为天下粮仓，八百里秦川成为富饶之乡。

战国末期，秦国国力蒸蒸日上，开始对其他诸国产生威胁。韩国位于秦国东出函谷关的交通要道上，国力孱弱，成为秦首当其冲攻击的对象，随时都有可能被吞并。公元前246年，韩桓惠王为摆脱威胁，采取了一个非常拙劣的所谓"疲秦"的策略。他以郑国为"说客"，派其入秦，游说秦国在泾水和洛水（北洛水，渭水支流）间，穿凿一条大型灌溉渠道。表面上说是可以发展秦国农业，真实目的

左：郑国渠渠首遗址

右：郑国渠引水渠遗址

是要耗竭秦国财力、物力、人力，牵制秦国，使其无
暇东顾。郑国入秦后，跋山涉水，实地勘测，访百姓，
找水源，观测地形，多方论证，最终确定了打通泾河、
洛水，建成两河引泾灌区的方案。

　　没想到，开工后，秦王就识破了韩桓惠王的"疲
秦"之计，暴怒之下决定处死郑国。郑国却非常镇定
地说道："始臣为间，然渠成亦秦之利也，臣为韩延
数岁之命，而为秦建万世之功。"（《汉书·沟洫志》）。
这番话打动了秦王，发展农业必须依赖于水利建设，
因此，"秦以为然，卒使就渠"。

郑国像

　　在秦王的支持下，修渠大军多达十万人，而郑国
正是这项规模空前的水利工程建设的总指挥。他用了
十年时间，终于在公元前 236 年修成郑国渠。郑国渠
灌溉的关中地区和都江堰灌溉的川西平原，两大工程
南北遥相呼应，使关中与蜀地成为秦国取之不竭、用之不尽的两大
粮仓。据史学家估计，郑国渠灌溉的 115 万亩良田，足以供应秦国
60 万大军的军粮。秦始皇嬴政感念郑国修渠有大功于秦国，下令
将此渠命名为"郑国渠"，这是中国历史上第一个以人名命名的工
程。

　　郑国渠起自今天的陕西礼泉县东北，以泾水为水源，灌溉渭水

北面农田，即引泾水东流，至今三原县北汇合浊水及石川河水道，再引流东经今富平县、蒲城县以南，注入洛水，渠全长300余里。郑国充分利用了关中平原西北高、东南低的地形特点，使渠水由高向低实现自流灌溉。为保证灌溉用水源，郑国还采用了独特的"横绝"技术，使渠道跨过清河、冶峪河等大小河流，将河水常流量拦入郑国渠中，增加了水源。此外，他还利用横向环流，解决了粗沙入渠、堵塞渠道的问题。郑国渠巧妙连通泾河、洛水，取之于水，用之于地，又归之于水，即使在今天看来，这样的设计也可谓独具匠心。

作为主持此项工程的筹划设计者，郑国在施工中表现出杰出的智慧和才能。郑国渠的作用不仅仅在于发挥灌溉效益达百余年，而且还在于首开了引泾灌溉之先河，对后世引泾灌溉的推广实施产生了深远的影响。秦以后，历代官府和民众继续在这里完善其水利设施，如汉代的白公渠、唐代的三白渠、宋代的丰利渠、元代的王御史渠、明代的广惠渠和通济渠、清代的龙洞渠等。

岁月流逝，郑国渠渐渐荒废，但人们并没有忘记它。1985年冬，陕西省文物保护中心的专家来到泾河边探寻，迷失千年的郑国渠终于被重新发现。在郑国渠遗址，专家发现有三个南北排列的暗洞，即郑国渠引泾进水口。每个暗洞宽3米，深2米，南边洞口外还有白灰砌石的明显痕迹。地面上出现由西北向东南斜行一字排列的七个大土坑，土坑之间原有地下干渠相通，故称"井渠"。

郑国渠工程浩大、设计合理、技术先进、实效显著，在我国古代水利史上是少见的，也是世界水利史上的奇迹。

4. 运河开凿——邗沟与灵渠

漕运是我国历史上一项重要的经济制度。即利用水道（河道和海道）调运粮食（主要是公粮）的一种专业运输手段。历代王朝都将征自田赋的部分粮食经水路押运到京师或其他指定地点，以储备待用。水路不通处就辅以陆运，常用车载（遇到山路也用人畜驮运），故又合称"转漕"或"漕辇"。运送粮食的目的大多是供宫廷消费、百官俸禄、军饷支付和民食调剂。这种粮食称漕粮,漕粮的运输称漕运,方式有河运、水陆递运和海运三种。狭义的漕运仅指通过运河并沟通天然河道转运漕粮的河运。

然而,天然河流并不是都能通航,即使可以行船,相邻河流往往不相联通,航运范围受到限制。以淮河为例,古代淮河有四通八达的水上交通网,为地域经济的发展和各个民族间的文化交流,提供了得天独厚的条件。但是在春秋晚期以前,淮河流域与长江流域的水上交通却是隔绝的。我国东南地区和中原诸州无自然的水道直接相通,南船北上,系由长江入黄海,由云梯关溯淮河而上,至淮阴故城,向北可由泗水而达齐鲁。这既绕了路,又要冒着入海航行的风险。

春秋末期,公元前494年,吴国打败越国,吴王夫差自以为解除了后顾之忧,一心北上中原攻打齐国和晋国,于是下令在今日扬州附近修筑邗城,并征招民工凿沟打通长江和淮河的水道。即从今扬州市西长江边向东北开凿航道,沿途拓沟穿湖至射阳湖,至淮安旧城北五里与淮河连接,硬是开凿出了一条人工运河航道。该运河大半利用天然湖泊来沟通,史称邗沟东道。邗沟是历史上第一条有确切开凿年代记载的运河。春秋时期,扬州地区被称为"邗","邗"原意为江边之城,邗国最初为周代的方国之一,后被吴所灭,邗城是最早的扬州城。邗沟从广陵(江苏江都)起引导长江水过邗城北上,达末口(淮安北五里的北神堰),入淮河。即南接长江,向北利用各湖泊河道,疏通开凿,至今淮安东北入淮水。后代屡次经过改道整修,两千多年来一直是沟通江淮的主要运河。

工程施工时,由于当时邗沟底高,而淮河底低,为防邗沟水尽泄入淮,影响航运,工程组织者在沟、河相接处设埝(用土筑成的小堤),因地处北辰坊,故名北辰堰,后称之为"末口"。清《宝应图经》一书详细地记录了历史上邗沟在宝应段的13次变迁,其中《历代县境图》有一幅名为"邗沟全图",图上清晰地标明了当年邗沟流经的线路:从长江边广陵之邗口向北,经高邮县境的陆阳

灵渠风貌（摄于 2006 年）

湖与武广湖之间，再向北穿越樊梁湖、博支湖、射阳湖、白马湖，经末口入淮河。北宋诗人秦少游曾在其所作的诗中生动地描述了邗沟的景象："霜落邗沟积水清，寒星无数傍船明。菰蒲深处疑无地，忽有人家笑语声。"

邗沟虽在东汉仍受重视，但至东汉末年，地方割据，三国时为孙权和曹操兵争之地，运道并不通畅。东晋时，邗沟渠化堰坝开始出现。当时引江水的方法是引江潮，潮涨时水从坝上溢流，或设有单闸，开闸门引潮，闭门蓄水。邗沟南端水源开发最初是疏浚塘陂，引水济运，但常淤塞。邗沟北流河段，河床坡度较陡，流速较大，夏季水大时，逆水船不易上行，因此北端修建北神堰，位置为古末口，主要以堰闸调节湖水。公元 605 年修通济渠，从洛阳西苑通到淮河边的山阳（今江苏淮安）。同年疏通扩大了邗沟旧道，南起江都，北至山阳。它后来成为京杭大运河中清江市至邗江县一段（里运河）

的最早旧迹。

战国时期,魏国定都大梁(开封),魏惠王十年(公元前 360 年)开凿了一条大沟,引黄河水经圃田泽(河南中牟县西)至大梁东北,目的是为了货物运输和农田灌溉,这就是鸿沟。鸿沟是后来隋朝运河系统中的一段旧迹。

从秦至隋,在沟通长江和淮河两大水系上,东汉建安初广陵太守陈登曾开凿淮安至高邮的新河道,然后再入邗沟的一段故道,从而实现长江与淮河的连接。而在沟通黄河与淮河两大水系上,则多利用鸿沟的旧迹前伸后延,或者在这个地域内新开凿出一些河渠。由于历时千余年,旧渠被湮没,新河道不断被开出,如今考古专家难于评辨战国鸿沟与后世沟渠的区别,因而许多古籍上出现了混称的情况,鸿沟又称梁渠、渠水、大渠、大沟、狼汤渠(蒗荡渠),各名称时而是一回事,时而又有区别。总之,秦汉至隋,近八百年间开凿的一些运河与天然河道相接,沟通了黄河与济、濮、卞、睢、颍、涡、汝、泗、菏、淮等河道,形成了黄淮平原的漕运网。

灵渠,古称秦凿渠、零渠、陡河、兴安运河、湘桂运河,是古代劳动人民创造的一项伟大工程,位于今广西壮族自治区兴安县境内,全长 37 千米,于公元前 214 年凿成通航。灵渠流向由东向西,将兴安县东面的海洋河(湘江源头,流向由南向北)和兴安县西面的大溶江(漓江源头,流向由北向南)相连,是世界上最古老的运河之一,是现存世界上最完整的水利工程,与四川都江堰、陕西郑国渠齐名,有专家将这三项工程称为"秦朝三大水利工程"。

秦统一六国后,秦始皇为开拓岭南,于秦始皇二十六年(公元前 221 年),命屠睢率兵 50 万南征百粤,分 5 路大军。占领湘桂两省边境山岭隘道的军队,最初遭到当地民众的抵抗,3 年兵不能进,军饷转运困难。公元前 219 年,秦始皇命监御史禄掌管军需供应,督率士兵、民夫在兴安境内湘江与漓江之间修建一条人工运河——灵渠,运载粮饷。

灵渠工程主体包括铧嘴(铧堤)、大小天平石堤、南渠、北渠、陡门、秦堤、泄水天平、水涵、堰坝、桥梁等部分,尽管兴建时间先后不同，但它们互相关联，完整精巧，设计巧妙，通三江，贯五岭，沟通南北水路运输，与长城南北呼应，同为世界奇观。铧嘴位于兴安县城东南 3 千米海洋河的分水塘（又称溪潭）拦河大坝的上游，由于前锐后钝，形如犁铧，故称"铧嘴"，是与大、小天平衔接的具有分水作用的砌石坝。从大、小天平的衔接处向上游砌筑，锐角所指的方向与海洋河主流方向相对，把海洋河水劈分为二，一由南渠而合于漓江，一由北渠而归于湘江。铧嘴原来的长度在现存铧嘴 30 丈外的上游，1885 至 1888 年，清政府重修该渠时，发现铧嘴已经被淤积的砂石所淹，于是才把它移建于现今的位置。但现今的形状却不是前锐后钝，而是一个一边长 40 米，另一边长 38 米，宽 22.8 米，高 2.3 米，四周用长约 1.7 米，厚宽约 0.6 米至 1 米的灰岩砌成的斜方形平台。新中国成立后，政府组织水利工程队伍又修筑了长约 30 米的石堤。

大、小天平是接铧嘴下游拦截海洋河的拦河坝，大天平即拦河坝的右部，小天平为拦河坝的左部，大天平与小天平衔接成人字形（夹角 108 度）。小天平左端设有南陡，即引水入南渠的进水口；大天平右端设有北陡，即引水入北渠的进水口。坝体外部为浆砌条石及鱼鳞石护面，上游条石砌成台阶状，条石顶面用石榫连接形成整体，天平中部块石近于直立砌筑，称之为鱼鳞石。鱼鳞石下伏的砂卵石，上部为人工混合黏土的砂卵石坝体，下部为原生沉积砂卵石，上下两部分很难分清。条石及鱼鳞石之间的胶结物，一部分为砂黏土及石灰，已风化松散；另一部分是掺有桐油的乳白及粉红色胶结物，结构致密，抗风化力强，特别坚硬。

灵渠沟通了长江、湘江和珠江水系，为秦王朝统一岭南提供了重要保障。后经历代修整，对巩固国家的统一，加强南北政治、经济、文化的交流，密切各族人民的往来，都起到了积极作用。

四、纺织技术与成就

1. 享誉中外的纺织技术

中国纺织的历史至少可上溯到新石器时代晚期，迄今已有六七千年之久。在各地的新石器时代遗址中，绝大部分都发现了纺轮。最初的纺织原料主要是麻、葛等野生植物纤维。先民们从动物的皮毛、植物的枝叶中获得了最初直接可用的蔽体之物，又在养蚕结茧，种植麻、桑、棉花的农业生产实践中，逐渐学会使用多种原料，形成了麻纺、丝纺、棉纺等各种纺织形式，创造了辉煌的中国纺织历史。

我国是最早利用蚕丝的国家，从原始社会晚期起，先民们已经开始利用蚕茧抽丝。民间流传着很多早期蚕丝利用的传说，其中最著名的就是黄帝的元妃嫘祖教民养蚕抽丝，她也被尊为"蚕农和纺织行业的保护神——蚕母娘娘"。

原始的纺织技术出现后，我国的纺织生产活动进入缓慢而持续的发展中。商周时期，政府开始设立管理织造的官员职位，说明此时纺织业已经相当发达。春秋战国时期，纺织业作为国家的经济基础之一，格外受到推崇，各国均将奖励蚕桑生产作为国家要策之一，从而促使养蚕、制种、缫丝、织帛、练漂、绘染等纺织技术得以迅速发展。当时出现了几个独具特色的纺织中心，如以临淄

嫘祖像

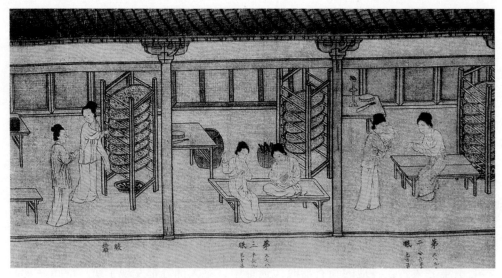

古代绢画《采桑养蚕图》

为中心的齐鲁纺织业，盛产罗、纨、绮、缟等；吴越地区以生产麻织物著称；越国除了麻纺织业兴盛之外，丝纺织业也得到了快速发展。

丝织技术的进步，主要表现在丝织物品种丰富，织造技术复杂。当时的丝织物品种已包括缯、帛、素、练、纨、缟、纱、绢、绮、罗、锦、绡、绉等，而织造技术中，既有生织、熟织、素织、色织、多彩织，又有平纹、斜纹、变化斜纹、重经组织、重纬组织、提花组织等不同的织物组织（织物组织就是织物经纬纱线相互交织的规律）。尤其是提花技术的出现，对我国纺织技术的发展影响重大，并在汉代以后传入西方。

随着纺织业的发展，染色技术也大有进步。商周时期，人们已经掌握利用多种矿物颜料，如赭石、朱砂、石黄、曾青、石青等给服装着色，能够着出黄、红、蓝、绿、黑等色。植物染料在周代以前已经使用，如茜草可染红色，紫草可染紫色，荩草可染绿色、黄色，地黄、黄栌可染黄色，皂斗可染黑色。这些植物染料，多需配用不同的金属盐，如明矾、蓝矾、绿矾等，即如今所说的媒染剂，而这种染料就是媒染染料。同一媒染染料用不同媒染剂可以染出不同色彩，如荩草即可用不同的媒染剂染出黄色和绿色。媒染染料和媒染剂的使用是染色技术的重大突破，并且一直沿用到现代。

2. 马王堆汉墓中的纺织品

1972 年，在长沙马王堆汉墓里，出土了大量工艺精湛的纺织品，为全世界所瞩目，也使我们对于西汉初期的纺织技术有了更为具体的认识。此次出土的纺织品，除了少量的麻织物外，绝大部分都是丝织物。经鉴定，这些丝织物的蚕丝质量较高，丝缕相当均匀，纵面光洁，单丝的投影宽度和截面积与现代的家蚕丝极为接近。

其中，一块长 45 厘米，宽 49 厘米的素纱料，重量只有 2.8 克。另一件素纱禅衣，长 160 厘米，两袖通长 190 厘米，领口、袖口都用绢缘，总重量只有 48 克。经研究，这种薄如蝉翼的素纱织物的纤维纱支，9 000 米的重量只有 13 克左右，每米纬丝的拈度是 2 500 到 3 000 回，与现代机拈 3 500 回相近。素纱每平方厘米各有 62 根经纬线，而出土数量最多的平纹织物——绢的经线密度大都为每厘米 80~100 根，最紧密的达 164 根，纬线密度一般是经线密度的 1/2~2/3。可见，此时从蚕的养育到缫丝、练丝、纺丝等织造技术都已经达到相当高的水平。

马王堆出土的各种提花织物更能反映当时的纺织技术水平。提花织物包括素色提花的绮、罗以及用不同彩丝织成的锦，纹样繁多，有菱形纹、矩形纹、对鸟形纹、花卉纹、水波纹、夔龙纹、游豹纹等。特别值得一提的是，在一些提花织物中，还发现了起毛锦织物，即利用比较粗的经线在应该提花显纹的地方织成绒圈，使花纹高出织物平面，以增强立

马王堆出土的素纱禅衣

马王堆出土丝织品

体感。这种技术是后世起绒织物的前身。

马王堆出土的纺织品色彩斑斓，历两千多年依然如新。其中，用浸染、套染和明矾作媒染剂的媒染法所得的颜色品种有 29 种，涂染的有 7 种，而且已经采用了 6 色套印花技术。可见，当时动植物性染料及矿物性染料的品种已经十分丰富，染色技术也达到了很高的水平。

3. 纺织机械技术的进步

绚丽多彩和质优量多的纺织品的出现，与各种纺织机械的发明及其不断革新密不可分。汉代时，手摇纺车已经得到普遍的使用。从汉画像石和画像砖所绘的形状来看，它已经与后世的手摇纺车大致相同。它由一个大绳轮和一根插置纱锭的锭子组成，绳轮和锭子分置在木架的两端。用手轻轻摇动曲柄，令绳轮转动，通过绳带的

传动，使锭子迅速旋转。使用这种纺车，可以加捻，也可以并合均
匀一致、粗细要求不同的纱，还可以制作纬纱用的纤子。它比起原
始纺轮的效率要高 10 多倍，而且也提高了制纱的质量。东晋时，
出现了三锭脚踏纺车，利用偏心轮和摆轴等机械原理，用脚踏作为
动力，转动绳轮，同时传动三个锭子迅速旋转，在手摇纺车的基础
上又提高了工效。

秦汉时期，织机也已大大改进。从江苏泗洪县等地出土的汉画
像石上的织机图上可以看出当时的织机已经包含有卷取经线和织物
的木轴、两片综片、提综变交的提动机构（叫"马头"，因为形似
马头）、通过杠杆牵动马头的两条脚踏木（叫"蹑"）、引纬用的梭
和打纬机构等部件。织机的经面和水平的机台呈一定的倾角，操作
工既可以坐着织造，又可以一目了然地看到经线张力是否均匀、有
没有断头等情况，还可以手脚并用，用双脚交替趷蹑进行提综变交
的工作，腾出双手可以更迅速地引纬和打纬，这就大大提高了织布
的速度和质量。这种织机在秦汉时期的黄河、长江流域的广大地区
已经普遍采用。

能织造复杂花纹图案组织的提花机，比一般织机要复杂得多。
提花机是由一般织机发展而来的，它设有数量众多的综片，织造的
时候，按预先精心设计安排好的程序，牵提各不相同的综片，使经
线处在特定的状态，然后穿梭引纬、打纬，织成预期的花纹。汉代
已有用众多的脚踏木（蹑）控制综片上下运动来织造提花织物的提
花机。后经机械制造家马钧改良，制成只用十二蹑的提花机，既操
作简易方便，提高了工效，又不影响提花机织出足够复杂的图案，
保证了织物质量，得到了广泛应用。

中国工程师史 第一卷

第四章

辉煌卓著——隋、唐、宋时期的
工程及实践者

一、大运河工程与成就

1. 大运河的开凿

大运河始建于公元前 486 年，至今已有 2 500 余年的历史，包括隋唐大运河、京杭大运河和浙东运河三部分。跨越北京、天津、河北、山东、河南、安徽、江苏、浙江 8 个省、直辖市，是世界上开凿时间较早、规模最大、线路最长、延续时间最久，且至今仍在使用的人工运河。

历史上，大运河经历了三次较大的开凿工程。第一次大规模开凿是在公元前 5 世纪的春秋末期，最初开凿的部分是位于绍兴市（当时越国的都城）境内的山阴古水道。山阴古水道以绍兴为中间点，西起萧山西兴，跨曹娥江，经绍兴市，东至甬江，全长 239 千米。西晋时，会稽（绍兴）内史贺循又主持向西拓展运河，开挖西兴运河，终使这条运河与曹娥江以东的运河对接，形成西起西小江、东到东小江的完整运河。南宋初年绍兴成为都城，皇陵也建在绍兴，浙东运河绍兴段成为当时的皇家御河，同时也是重要的通商航道。

2. 隋唐大运河

大运河第二次大规模开凿是在隋唐时期，当时中国的经济重心已经逐渐转移到长江流域等南方地区，而国家政治中心仍处于北方的关中地区和中原地区。公元 7 世纪初洛阳成为都城，隋炀帝为了加强首都洛阳与南方经济发达地区的联系，控制江南广大地区，保证南方的赋税和物资能够源源不断地运往东都洛阳，下令开凿新的运河。这次开凿工程浩大，由多条运河组成。

其中最著名的一段是公元 605 年在前代汴渠的基础上开凿的通济渠，所以又名汴渠，是漕运的干道。它从洛阳到江苏清江（今

淮安市），长约 1 000 千米，连结了洛水、黄河、汴渠、泗水诸水，
直达淮河，完成了洛阳沟通黄河和淮河两大河流的水运工程。该
工程西段自今洛阳西郊引谷、洛二水进入黄河，再自板渚（板城
渚口的简称，在今河南荥阳县汜水镇东北黄河侧）引黄河进入汴河，
经商丘、宿县、泗县进入淮河。同时，隋炀帝还下令重新疏浚多
年淤积的邗沟，并于公元 610 年开凿长江以南、从长江沿岸的江
苏镇江至浙江余杭（今杭州）的长约 400 千米的"江南运河"。该
工程引长江水经无锡、苏州、嘉兴至杭州通钱塘江。同时，整治
前代开凿的浙东运河航道，使大运河越过钱塘江沟通宁绍平原。

此后，隋炀帝为了开展对北方的军事行动，于公元 608 年在
黄河以北、三国时期魏国开凿的原有运道的基础上，开凿长约
1 000 千米的永济渠。该渠从洛阳经山东临清至河北涿郡（今北京
西南郊），引黄河支流沁水入今卫河至天津，后溯永定河通到今天
的北京。这样，连同公元 584 年开凿的广通渠，形成了多枝形运
河系统，从而完成了以洛阳为中心，东北方向到达涿郡，东南方
向延伸至江南的一条"V"字形运河，史称隋唐大运河。洛阳与杭
州之间全长 1 700 多千米的河道，可以直通船舶，在中国历史上第

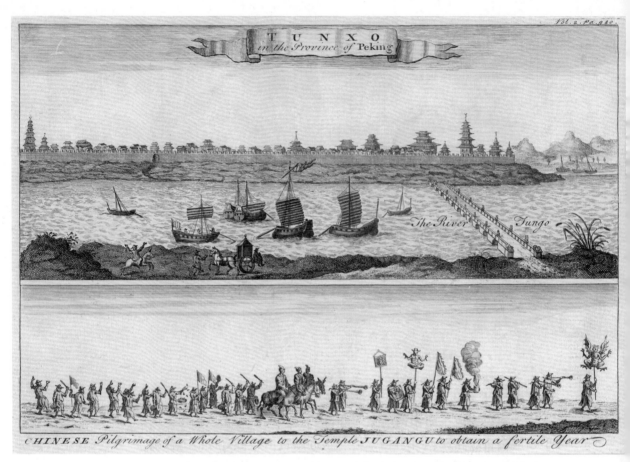

約 1656 年，荷兰使团坐船通过京杭大运河通州段。此图载于 1665 年出版的《致大中华满洲皇帝联省东印度公司使团见闻录》，荷兰人约翰·尼霍夫绘

位于郑州境内的隋唐大运河
通济渠河段近貌

一次建成了从南方重要农业产区直达中原地区政治中心和华北地
区军事重镇的内陆水运交通动脉。

隋唐大运河纵贯在中国最富饶的东南沿海和华北大平原上，
贯通黄河、淮河、长江、钱塘江、海河五大水系，成为中国古代
南北交通的大动脉。唐代著名诗人皮日休这样描绘它："万艘龙舸
绿丛间，载到扬州尽不还。应是天教开汴水，一千余里地无山。
尽道隋亡为此河，至今千里赖通波。若无水殿龙舟事，共禹论功
不较多。"

运河的巨大经济效益在唐宋时代才显示出来，运河两岸的城
镇也在唐宋时代逐渐繁荣起来。唐、宋两代，大运河历经多次疏
浚整修。唐时浚河培堤筑岸，以利漕运纤挽，将自晋以来在运河
上兴建的通航堰埭，相继改建为既能调节运河通航水深，又能使
漕船往返通过的单插板门船闸。宋时将运河土岸改建为石驳岸纤
道，并改单插板门船闸为有上下闸门的复式插板门船闸（现代船
闸的雏形），使船舶能安全过闸。运河的通过能力也得到了提高。
北宋元丰二年（1079 年），为解决汴河（通济渠）引黄河水所引起

航拍京杭大运河扬州段
（摄于 2016 年）

的淤积问题，官府组织进行了清理汴河工程，开渠直接引伊洛水
入汴河，使汴河不再与黄河相连。这一工程兼有引水、蓄水、排泄、
治理等多方面的作用。在运输组织方面，唐、宋都专设有转运使
和发运使，统管全国运河和漕运。由于航运的发展和商业的繁荣，
运河沿岸逐渐形成名城苏州和杭州、造船工业基地镇江和无锡、
对外贸易港口扬州等重要城市。

3. 京杭大运河

隋唐大运河因部分河段失去通航功能，被元世祖忽必烈所修
的京杭大运河（仅古邗沟、江南运河等河段与隋唐大运河有重合）
取代，这是历史上大运河的第三次开凿。13 世纪末，元朝完成对
中国的统一，并在大都（今北京）建立政治中心。为了使南北相连，
不再绕道洛阳，元朝从公元 1283 年起用了 10 年时间，先后开挖
了"济州河"和"会通河"。

济州河自淮安引洸、汶、泗水为源，向北开河 150 里接济水，
济水相当于后来的大清河位置，1855 年黄河改道后夺大清河入海。
济州河开通后，漕船可由江淮溯黄河、泗水和济州河直达安山下

京杭大运河苏州段航拍
（摄于 1998 年）

济水。开凿中，元朝官府建设闸坝，渠化河道，把天津至江苏清江之间的天然河道和湖泊连接起来，清江以南接邗沟和江南运河，直达杭州。由于北京与天津之间的原有运河已废，官府又新修了"会通河"。会通河长 250 里，接通卫河。由于会通河位于海河和淮河之间的分水脊上，让水通过就要在河上修建插板门船闸 26 座，并在淮安设水柜，南北分流，以调节航运用水，控制运河水位。会通河建成后，漕船可由济州河、会通河、卫河，再溯白河至通县。元朝官府又开凿了通惠河，从今通县直达北京。从此，漕船可由通县入通惠河，直达今北京城内的积水潭。至此，今京杭大运河的路线走向初步形成。

大运河建成后，元朝专设都漕司正、副二使，总管运河和漕运事宜。新的京杭大运河形成了南北直行的走向，比绕道洛阳的隋唐大运河缩短 900 多千米，实现了中国大运河的第二次大沟通。京杭大运河利用了隋唐大运河不少河段，南起余杭（今杭州），北到涿郡（今北京），途经今浙江、江苏、山东、河北四省及天津、北京两市，贯通海河、黄河、淮河、长江、钱塘江五大水系，全长约 1 794 千米，长度为苏伊士运河（190 千米）的 9 倍、巴拿马运河（81.3 千米）的 22 倍。

二、陶瓷制造工程与实践者

1. 享誉中外的古代陶瓷制造

仰韶文化时期的舞蹈纹彩陶盆

制陶和制瓷在我国有着悠久历史。早在六千多年前的新石器时期，我们的祖先就已经开始创造并使用陶器。当时的陶器是用黏土经手工捏制以后，在陶窑里以 500~600℃的低温下烧制而成的，因此质地粗松。到了仰韶文化和龙山文化时期，人们在长期的实践中对陶土的黏性和可塑性，以及对火的利用和控制，有了进一步的认识和提高。

仰韶文化时期的工匠，已经使用陶窑烧制陶器。现在出土的这个时期的陶窑遗址，已经有火门、火膛、火道、窑箅、窑室五个组成部分。工匠们通过火门把燃料送进火膛，火通过火道分别通向窑箅上的各个火孔，均匀地直入窑室，烧窑室内放置好的各种陶坯。陶窑点火后，便要连续添加燃料，直到陶器烧成为止。由于有陶窑，当时的陶器不仅质地致密，而且品种繁多，既有一般的红陶、灰陶，又有制作比较精细的白陶和黑陶。据测定，仰韶文化时期陶器烧制温度已达 1 000℃以上，制出的彩陶表面呈红色，磨光后加彩绘，花纹繁丽，图案齐整，已经十分精美。

龙山文化时期，陶器种类有煮饭用的陶甗、陶鼎，盛饭用的陶钵、陶碗、陶杯、陶豆，盛水用的双耳壶、背水壶，存物用的陶盆、陶罐、陶瓮、陶缸等。当时的黑陶，漆黑发光，薄如蛋壳而又坚硬，有的还装饰有缕孔和纤细的划纹。陕西宝鸡出土的船形壶和洛阳出土的可盛几百斤粮食的蓝纹陶瓮，都是四千多年以前工匠的杰出作品。这个时期还出现了石制和陶制的纺轮，骨制的梭、针、锥等原始纺织缝纫工具。

后来有了彩陶，彩陶的鼎盛时期是唐代。唐代是中国封建社会的兴盛时期，经济上繁荣，文化艺术上群芳争艳，这时制陶工程实践者发明了盛行一时的新式陶器，以黄、褐、绿为基本釉色，人们习惯将这类陶器称为"唐三彩"。作为彩陶工艺品，唐三彩以造型生动逼真、色泽艳丽和富有生活气息而著称。

唐三彩是一种低温釉陶器，在色釉中加入不同的金属氧化物，经过焙烧，便形成浅黄、赭黄、浅绿、深绿、天蓝、褐红等多种色彩，但以黄、褐、绿三色为主。陶坯上涂上的彩釉，在烧制过程中发生化学变化、色彩浓淡变化、互相浸润、斑驳淋漓、自然协调，是一种具有中国独特风格的传统工艺品。常见的唐三彩制品有三彩马、骆驼、乐伎俑、仕女、枕头等。唐三彩在陶瓷史上是一个划时代的里程碑，因为在唐以前大多为单色釉，汉代虽然已经有了两色，但只是黄色和绿色。到了唐代以后，多彩的釉色开始在陶瓷器物上同时得到运用。但由于唐三彩的胎质松脆，防水性能差，实用性远不如当时已经出现的青瓷和白瓷。

陶器虽然和瓷器有本质上的区别，但是它们的烧制过程极为相似。所谓"瓷器"，主要指它的坯料是由高岭土（也叫瓷土）、正长石和石英混合而成，胎的表面施有玻璃质釉，在1 200℃左右的高温下焙烧而成，成品的吸水率很低，烧结后的器皿质地坚硬。从新石器时代晚期到商代，工匠们已经能够制造出用瓷土做原料、经1 000℃以上高温烧成的刻纹白陶和压印几何纹饰的硬陶，这就是原始瓷器。1953年以来，郑州二里岗、安徽屯溪、江苏丹徒、陕西西安和扶风等地，先后出土了许多商、周时期的釉陶或青釉器皿，有尊、碗、瓶、罐、豆等品种，它们具有光泽，质地坚硬，扣之作金石声。由于这些敷釉器皿的外观或成分等方面兼具陶和瓷的某些特点，所以人们称之为"釉陶""原始青瓷"或"原始瓷器"。商、周原始瓷器的出现，也标志着我国陶瓷生产进入一个新的时代。高岭土的采用，釉的发明和发展以及烧成温度的提高，都为瓷器的产生奠定了深厚的基础。

瓷器之所以引人喜爱，很重要的原因是它的坯体上施有一种或

唐三彩马

几种不同颜色的釉药。所谓晋有"缥瓷"（青白色瓷），唐有"千峰翠色"，宋有"粉青、翠青、乌金、玳瑁和杂彩"，元代有"青花釉里红"，都是对我国历代制釉技术独特风格的赞扬。釉和坯同样是由矿物料制成的，主要成分有硅酸盐，氧化铝、硼酸盐或磷酸盐等。釉的呈色剂（也叫着色剂）由铁、铜、钴、锰、金、锑以及其他金属元素组成。所谓汉代多色釉，就是铅釉（铅的氧化物）中含有铁盐或铜盐。到了唐代，造瓷技术进一步发展，越窑（在今浙江绍兴、余姚一带）的"千峰翠色"瓷，就是由工人掌握釉中恰当的氧化亚铁成分（1% ~ 3%）而获得的。当时掌握这一技术很不容易，不仅配制釉药量要准确，含铁的成分要适当，而且还必须严格掌握窑里的温度和通风情况，使瓷器在还原焰中烧成。在传统技术经验的基础上，通过不断的实践，后世制作青瓷的技术更加成熟，产品更加精妙。

2. 名扬天下的宋代陶瓷工艺

在宋代，中国的瓷器工程逐渐形成了不同的地域风格，相继出现了"五大名窑"。明代皇室收藏目录《宣德鼎彝谱》中记载："内库所藏柴、汝、官、哥、钧、定名窑器皿，款式典雅者，写图进呈。"清代许之衡《饮流斋说瓷》中说："吾华制瓷可分三大时期：曰宋，曰明，曰清。宋最有名之有五，所谓柴、汝、官、哥、定是也。更有钧窑，亦甚可贵。"由于柴窑窑址至今未被发现，又无实物，因此，通常人们在归类上约定俗成地将钧窑列入，与汝、官、哥、定窑并称为宋代五大名窑。

（1）汝窑

汝窑出产的瓷器，即汝瓷，在宋代被列为五大名瓷之首，当时被钦定为宫廷御用瓷。北宋时期，汝州奉命为宫廷烧造青瓷，具体时间推测在哲宗至徽宗年间（约1086—1125）。汝窑以青瓷为主，造型古朴大方，其釉如"雨过天晴云破处""千峰碧波翠色来"，土

汝窑青釉洗

质细润，坯体如胴体，釉厚而声如罄，明亮而不刺目，具有"梨皮、蟹爪、芝麻花"的特点，被世人称为"似玉，非玉，而胜玉"。由于汝窑传世的作品很少，据传不足百件，又因其工艺精湛，所以非常珍贵。北京故宫博物院藏有汝窑天青釉弦纹樽、汝窑天青釉圆洗、汝窑天青釉碗等珍贵文物。台北故宫博物院则藏有汝窑天青无纹椭圆水仙盆与汝窑粉青莲花式温碗等。

（2）官窑

官窑即官府经营的瓷窑，宋代又分北宋官窑和南宋官窑。元代景德镇官窑称"枢府窑"。明清景德镇官窑常以帝王年号分别命名，如"宣德窑""成化窑""康熙窑"等。明清官窑也被称为"御窑"，官窑以外的窑场，称为"民窑"。

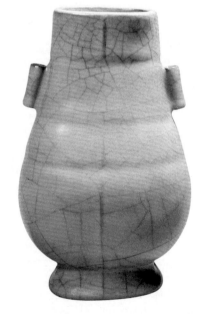
官窑贯耳瓷瓶

据文献和考古资料推知，我国古代由中央政府直接设立、专门或主要为宫廷生产瓷器的"官窑"，约出现于北宋末年。两宋官窑前后共有三座，即北宋京师自置官窑，南宋修内司官窑和郊坛下官窑。在京师官窑设置之前，定窑和汝窑先后奉命烧造贡瓷。宋代宫廷所需之物，单靠官办手工业是无法满足的，于是往往指令地方造作。中国享有"世界瓷国"的美称，在琳琅炫目的中国瓷器中，"北宋官窑青瓷"出类拔萃，精美绝伦，古气盎然，扑人眉宇，被视为瑰宝。相传官窑造出成品以后，宫里的太监便来检查，发现稍有瑕疵的便摔碎，剩下的精品才可呈到皇宫里，供皇室使用。所以，官窑存世量极少。[1]

---

1 刘涛.宋瓷笔记 [M].北京：生活·读书·新知三联书店，2014:69.

（3）哥窑

哥窑至今仍是中国陶瓷史上的一大悬案。今人所说的哥窑，主要指清宫旧藏的一批"传世哥窑"。关于哥窑更多的是流落于民间的传说。相传章生一、章生二兄弟二人专营瓷器制作，其制品精美绝伦远近闻名，因兄弟二人同时烧瓷，品种各有侧重，为便于区别，人们遂以"哥窑""弟窑"相称。该名称最早指窑场，后因产品被效仿，逐渐成为龙泉两大类青瓷的代称。有人认为，哥窑是指传世哥窑。但龙泉哥窑之外是否还存在一个传世哥窑，目前也有争论。哥窑与官窑类同，也有紫口

哥窑单色釉碗

铁足和开片，不过至今其窑址不明，学界对其烧造年代也有分歧，有人认为并非是宋代，而是元代。许多瓷器在烧制过程中，为了追求工艺一般都不允许有太多的釉面开裂纹片，但哥窑却将"开片"的美发挥到极致，产生了"金丝铁线"这一哥窑的典型特征，即由于开片大小不同，深浅层次不同，胎体露出的部位因氧化或受污染程度也不尽相同，致使开片纹路呈色不一。哥窑瓷器釉面大开片纹路呈铁黑色，称"铁线"，小开片纹路呈金黄色，称"金丝"。"金丝铁线"使平静的釉面产生韵律美。宋代哥窑瓷器以盘、碗、瓶、洗等为主。

（4）钧窑

钧窑在明清文献中即被视为"宋窑"。钧窑分为"民钧"和"官钧"。钧窑之所以能够跻身五大名窑，或许与其生产"官钧"（宫廷用器）有关。钧官窑窑址在河南禹县（时称钧州）。钧窑以独特的窑变艺术而著称于世，素有"黄金有价钧无价"和"家有万贯，不如钧瓷一件"的美誉。宋代五大名窑中，汝、官、哥三种瓷器都是青瓷，

钧窑玫瑰紫海棠式瓷花盆

钧窑虽然也属于青瓷，但它不是以青色为主的瓷器。钧窑的颜色还有玫瑰紫、天蓝、月白等多种色彩。官钧瓷器主要是各式花盆，通体施釉。

（5）定窑

历史上定窑的名气很大。定窑始于晚唐、五代，盛于北宋，金、元时期逐渐衰落。在北宋也是为宫廷烧造御用瓷器的窑场，是宋代五大名窑中唯一烧造白瓷的窑场。定窑窑址在河北曲阳涧滋村及东西燕村，在宋代属定州，故名定窑。定窑之所以能显赫天下，一方面是由于色调上属于暖白色，细薄润滑的釉面白中微闪黄，给人以湿润恬静的美感；另一方面则由于其善于运用印花、刻花、划花等装饰技法，将白瓷从素白装饰推向了一个新阶段。定窑造型以盘、碗最多。元朝文人刘祁在其《归潜志》中曾撰文赞扬定窑的精美，称"定州花瓷瓯，颜色天下白"。定窑也兼烧黑釉、酱釉和釉瓷，文献分别称其为"黑定""紫定"和"绿定"。器型在唐代以碗为主，宋代则以碗、盘、瓶、碟、盒和枕为多，也产净瓶和海螺等佛前供器，胎薄而轻，质坚硬，色洁白，不太透明。定窑由上迭压复烧，口沿多不施釉，称为"芒口"，这是定窑产品的特征之一。

宋代定窑瓷器

三、建筑与桥梁工程与实践者

1. 隋代建筑家宇文恺与长安城的兴建

宇文恺生于公元 555 年，卒于隋炀帝大业八年（612 年），出身贵族世家，从小不喜武而好文，读了许多书，特别爱钻研与建筑有关的东西，因此年轻的时候，就有了渊博的建筑知识。北周末年，政治腐败，阶级矛盾加深，统治阶级内部也发生了分裂。当时具有很高政治地位和声望的皇亲国戚杨坚，趁入宫辅政的机会，总揽了军政大权，并于公元 581 年称帝，建立了隋朝，史称隋文帝。

为了巩固他的政权，在建国初期，杨坚曾经大杀宇文氏（因北周皇帝姓宇文）。宇文恺原来也在被捕杀之列，但因为他久负才名，很受杨坚的赏识，他的哥哥宇文忻又拥戴杨坚有功，所以幸免一死。宇文恺长于技艺，隋文帝多次派他监造大型土木工程。宇文恺历任营建宗庙副监、营建新都副监、检校将作大匠、仁寿宫监、将作少监、营造东都副监、将作大匠以及工部尚书等职，一生最大的功绩是主持规划、修建长安城和洛阳城。

长安地处渭水之滨，是我国著名的古都之一。历史上前后共 13 个朝代在这里建都，历时 1 100 多年。始建时叫作"丰"（在今西安市西南），是周文王打败商朝的诸侯小国崇国以后建造的。周文王死后，周武王将都城迁到"镐"（在今西安市西）。据文献记载，"镐"是一座周长九里的方正小城，每面有三个城门，城里有九条街道。规模虽然不大，但是城郭、市肆、闾里以及官室、宗庙等井井有条，反映出我国早在三千多年前已经开始有计划地进行城市建设。

长安作为首都最早是从汉高祖五年（公元前 202 年）开始的。汉高祖刘邦打败项羽后，正式定都长安。汉惠帝元年（公元前 194

宇文恺雕像

年）开始修建长安城，由军匠出身的阳城延主持规划建造，征用了成万的民工，历时五年完成。长安是我国历史上第一座规模宏大的城市，它与当时欧洲的罗马城东西对峙，成为世界名城。长安在西汉的两百多年历史中获得了很大发展，东汉的时候虽然仍维持"京兆"名义，但是因为不是正式首都，便逐渐走向颓败。特别是东汉末年军阀混战，兵火频繁，长安城多次成为战场，遭到了毁灭性破坏，原先繁华兴旺的景象不复存在。

隋朝建立以后，公元582年，隋文帝下令营建新都，命高颖、宇文恺主持这项工程。在此以前，宇文恺主持过隋朝宗庙的建造，已有一定经验。为营建新都，宇文恺首先对汉朝长安城周围形势进行了勘察，最后选定原长安城东南龙首川一带平原作为城址。这里北临渭水，东有灞水、沪水，西有沣水，南面终南山，水陆交通便利，风景秀丽宜人，是建城的理想地方。在勘察的基础上，宇文恺根据当时的需要，拟定了详细规划，并且绘制了平面设计图样。新城不到一年就初步竣工，名为大兴城。

宇文恺规划设计的大兴城气象雄伟，规模宏大。全城分宫城、皇城和外郭城三部分，据历史记载和考古发掘，外郭城南北长8 651米，东西长9 721米，周长达36.7千米，呈方形，总面积大约83平方千米，比今西安市旧城（明、清长安城）大七倍半，比北京旧城也大得多。周围有宽约5米、高约6米的城墙环绕。共有12座城门，每面开3门，一般每门开3个门洞，南面正中的明德门因处在全城的中轴线上，开设了5个门洞，以突出它的显要地位，这是前所未有的创新。

新城实行分区设计，宫殿、衙署、住宅、商业各有不同的区域。宫城在外郭城的最北正中处，城里宫殿连栋，南半部是皇帝处理政务的地方，北半部供皇帝、皇室居住。这种"前朝后寝"的平面布局是中国封建帝王宫殿常用的形式。宫城南开五门，正中一门是承天门，高大雄伟，是朝廷在节日宴会群臣、接见外国宾客的地方，类似北京的天安门（天安门原来也称承天门，1651年改称天安门）。承天门外是一条长约3 000米、宽约450米的东西向大街，实际上是一个广场。承天门大街的南面是皇城，也叫子城。它是封建政府机关六省、九寺、一台、四监、十八卫的所在地，百官衙署行列分布。东有宗庙，西有社稷。皇城南面以及宫城的东西两侧是外郭城，是城市居民和官吏的住宅区。东西两面各有一市，是商业区，各占地十万多平方米。市里店铺林立，商业繁盛。仅东市就集聚了220个行业，四方珍奇宝货多荟萃在这里，是当时最大的商业市场。这种把官室、衙署和民居、集市分区规划的布局，改变了那种自两汉以后，至晋宋齐梁陈，居民和官府混杂相居的状况。同时把集市放在民居附近，突破了过去那种"前朝后市"的传统，既符合统治者安全和享乐的需要，也在一定程度上方便了城里居民的生活。

大兴城在规划中运用了里坊制的设计原则。南北向大街和东西向大街纵横交错，形成网格布局，把全城分成110个方块（不包括东西两市所占的4个），每个方块称一"里"（唐朝称"坊"）。以明德门到承天门的南北大街作为中轴线，左右对称均匀分布，呈棋盘式。小里大约25 000平方米，大里相当于2~4个小里。里内是官吏、居民住宅，并有寺庙、道观等建筑。各里中还有不少小商业店铺，如饮食业、旅馆、酒肆以及手工业作坊等。长安城的手工业也非常发达，除官设的各种手工业作坊外，还有许多分散在各坊的个体手工业作坊。因此，当时长安城已有了相当数量的手工业工人。里周围有高墙环护。城里街道宽直，整齐划一。共有南北大街11条，东西大街14条。加上里内街道以及和住宅相通的巷、曲等，构成了便利的城内交通网。通向各座城门的6条主要大街宽度都在百米以上。路面铺以砖石，平整坚实。路旁栽有树木，整齐划一，绿树成荫。

规划还充分考虑到长安城的给排水问题。居民饮用水主要靠

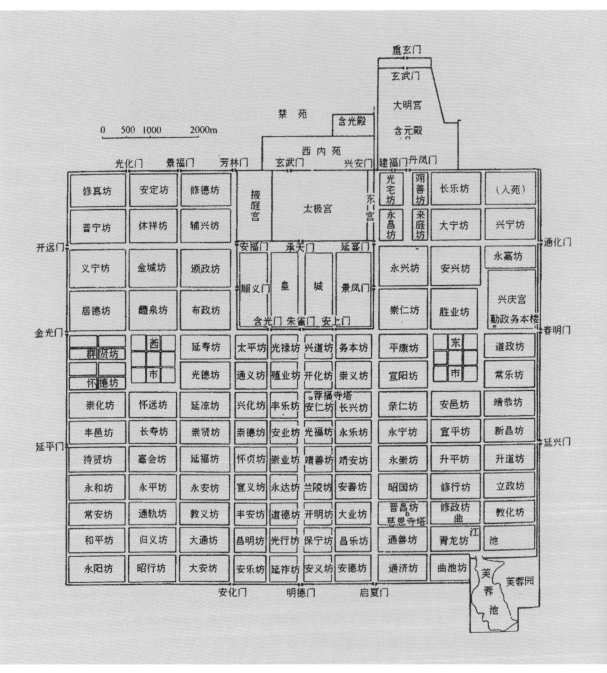

隋唐时期长安布局图

水井，城市雨水排泄靠沟渠，同时还有航运交通。除曲江之外，还在南城开凿了永安渠和清明渠。永安渠引交水北流入城，经西市的东侧又北流出城入苑，再北流注入渭河。渠的两岸都种植茂密的柳树。清明渠在永安渠之东，引沈水北流经安化门西侧入城，向北引入皇城，在城东修龙首渠，引浐河的水入城。这些水渠的开凿和引用，大都是为美化统治者的宫廷而设计的。同时由于渠水的便利，当时不少官僚贵族以及商贾之家都引各渠的水入第，建造私家的山池院。因此，长安城出现了不少著名的私家园林建筑。

隋朝大兴城规模之宏大，规划之完整、严谨，不仅在我国历史上十分突出，在当时世界上也是独一无二的，也反映出它的规划者——宇文恺的建筑艺术才能。大兴城的规划布局对后世的中国城市以及一些邻国城市的兴建有深远的影响。日本的平城京和平安京，无论从宫城位置和坊市配置，还是从街道的设计和名称等，基本上都是仿效长安城建造的。唐朝建立后，将大兴城改称长安城，仍以此为都城。在唐朝几百年间，官府对长安城的规划布局没有大的变动，仅有局部修建和扩充。由于唐朝经济繁荣，文化发达，对外贸易频繁，长安城也随之成为当时世界上最大、最繁荣的国际城市。十分可惜的是，这样一座古代城市建筑的精粹，却在唐末战乱中遭到严重破坏，一代繁华帝都，几乎成为废墟。

宇文恺在主持建造了大兴城之后，在大业元年（605 年）又主持规划建造了另一座大型都市——东都洛阳城。隋朝的建立结束了我国历史上长达几百年的纷争割据局面，中国政治重新得到统一。公元 604 年，隋炀帝杨广即位，他认为大兴城地处西北，物资转运困难，难以满足朝中所需要的庞大开支，而且也不利于对全国的控制，于是在大业元年下令在洛阳营建新都，仍由宇文恺主持规划设计。

宇文恺规划设计的东都，原则上与大兴城一致，只是在形式上不完全对称。城分宫城、皇城和外郭城（也叫大城或罗城）。外城南北长 7 300 米，东西最宽 7 200 米，规模比大兴城略小。城共有 10 门，东、南各 3 门，西、北各 2 门。洛水横穿全城，把城里分成南北两大区。宫城、皇城居北，是行政区。南部是官民住宅区。街道非常整齐，街坊是正方形，有正十字街道。城里有三个规模较大的市场，分别设在外城的东、南、北三面。北市（又名通远市）南靠洛河，是船舶商业集中的地方。整座城市气势宏伟，宫殿比大兴城更加富丽堂皇。建成后的东都成为隋朝政治、经济、文化的中心。

宇文恺除主持大型土木工程外，还负责过水利工程。公元584年，他受命主持开凿广通渠，把渭水导入黄河，以利运输。这条渠从大兴城到潼关，全程三百多里，要经过许多崇山峻岭。宇文恺亲自踏勘河流，考察地理环境，制定了周密的施工计划，几万民工经过艰苦努力，终于完成了这一艰巨工程。河渠通航后，既大大改善了当时的漕运，又灌溉了两岸农田，被人称为"富民渠"。这一工程是隋朝开凿大运河的先声。

2. 隋代桥梁工程师李春与赵州桥

李春雕像

"赵州石桥什么人儿修？玉石栏杆什么人儿留？什么人骑驴桥上走？什么人推车轧了一道沟？——赵州石桥鲁班爷爷修，玉石的栏杆圣人留。张果老骑驴桥上走，柴王爷推车就轧了一道沟！"这段唱词出自我国民间的一出歌舞小戏《小放牛》。事实上，赵州桥并不是鲁班修的，筑桥的带头工匠名叫李春。李春是隋朝时期的著名工匠，也是我国古代杰出的工程师。由于缺乏史书记载，他的生平、籍贯及生卒年月已无法得知。

根据唐代中书令张嘉贞为赵州桥所写的铭文："赵州洨河石桥，隋匠李春之迹也，制造奇特，人不知其所以为。"我们方知道是李春建造了这座有名的大石桥。现在的河

赵州桥今貌

北赵县赵州桥之侧公园内有一尊李春像，李春作为一代桥梁专家，他所指挥建造的赵州桥的影响深远广泛，在国际享有盛誉。赵州桥是安济桥的俗称，建于隋代，是我国现存最早的大型石拱桥，也是世界上现存最古老、保存最完善、跨度最长的敞肩坦弧拱桥。

隋朝的统一促进了社会经济的发展。当时的赵县是南北交通必经之路，从这里北上可抵重镇涿郡（今河北涿州市），南下可达京都洛阳，交通十分繁忙。可是这一交通要道却被城外的洨河所阻断，影响了人们来往，每逢洪水季节甚至不能通行。为此，隋大业元年（605 年），地方官府决定在洨河上建桥以改善交通。李春受命负责设计和指挥建桥。他率领其助手对洨河及两岸地质等情况进行了实地考察，同时认真总结了前人的建桥经验，提出了独具匠心的设计方案，并按照设计方案精心施工，很快就完成了建桥任务。

李春根据自己多年丰富的实践经验，经过严格周密的勘查、比较，选择了洨河两岸较为平直的地方建桥。这里的地层由河水

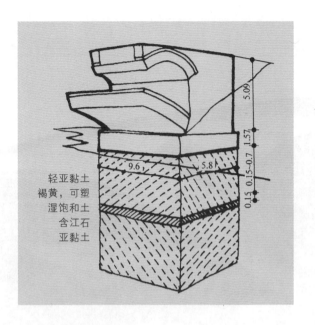

5.09

1.57

0.15 0.15~0.7

9.6

5.8

轻亚黏土
褐黄，可塑
湿饱和土
含江石
亚黏土

赵州桥桥台及基地地质图

冲积而成，表面是久经水流冲刷的粗砂层，以下是细石、粗石、细砂和黏土层。自建桥到现在，桥基仅下沉了 5 厘米，说明这里的地层非常适合建桥。1979 年 5 月，由中国科学院自然史组等四个单位组成联合调查组，对赵州桥的桥基进行了调查，自重为 2 800 吨的赵州桥，其根基只是由五层石条砌成的高 1.56 米的桥台，直接建在自然砂石上。这么浅的桥基简直令人难以置信。根据现代测算，这里的地层每平方厘米能够承受 4.5~6.6 公斤的压力，而赵州桥对地面的压力为每平方厘米 5~6 公斤，能够满足地质的要求，桥基自然稳固牢靠。

除选址外，赵州桥在拱形结构设计上也有大胆创新。中国习惯上把弧形的桥洞、门洞之类的建筑叫作"券"。一般石桥的券用半圆形，但赵州桥跨度达 37.02 米，如果把券修成半圆形，桥洞就要高 18.52 米。这样桥高坡陡，车马行人过桥非常不便，同时施工难度也加大，半圆形拱石砌石用的脚手架就会很高，增加施工的危险性。李春和工匠们一起研究和探索，创造性地采用了圆弧拱形式，使石拱高度大大降低。

赵州桥的主孔净跨度为 37.02 米，而拱高只有 7.23 米，拱高和跨度的比为 1：5 左右，实现了低桥面和大跨度的双重目的。平拱即扁弧形拱的形式，既增加了桥的稳定性和承重能力，减轻桥身的重量和应力，又使桥面坡度比较平坦，方便了人畜在桥上通行，而且建设用料省、施工方便。此外由于圆弧拱跨度大，其高度仍然足以保证水上船只来往通过。当然，圆弧形拱对两端桥基的推力相应增大，对桥基的施工提出了更高的要求。李春能在距今 1 300 多年前的隋代意识到大跨度拱桥不是非半圆拱不可，从而建成这种跨度大、扁平率低的单孔 1/4 圆拱桥梁结构，是建筑史上一个可贵的创造。

李春就地取材，选用附近州县生产的质地坚硬的青灰色砂石作为建桥石料。在石拱砌置方法上，均采用纵向（顺桥方向）砌置，即整座大桥是由 4 层 28 道各自独立的拱券沿宽度方向并列组合而成，28 道小券并列成 9.6 米宽的大券。拱厚皆为 1.03 米，每券各自独立、单独操作，相当灵活。每券砌完全合拢后就成一道独立拼券，砌完一道拱券，移动承担重量的"鹰架"，再砌另一道相邻拱。这种砌法有很多优点，既可以节省制作"鹰架"所用的木材，便于移动，同时又利于桥的维修，一道拱券的石块损坏了，只需嵌入新石局部修整即可，不必整座桥调整。

若用并列式砌置方法，各道窄券的石块间没有相互联系，不如纵列式坚固。为避免 28 道并排的弧形石砌券相互分离，李春特意设计每道弧形石砌券在桥的两头略大，逐渐向桥拱中心略微收小。即每一拱券采用了下宽上窄、略有"收分"的方法，使每个拱券向里倾斜，相互挤靠，增强其横向联系，以防止拱石向外倾倒；在桥的宽度上也采用了少量"收分"的办法，就是从桥的两端到桥顶逐渐收缩宽度，从最宽 9.6 米收缩到 9 米，使得靠外边的弧形石券在重力之下，有向内倾斜的分力，使弧形石券相互靠拢。此外，各道窄券的石块之间还加有铁钉，两侧外券相邻拱石之间都穿有起连接作用的"腰铁"，各道券之间的相邻石块也都在拱背穿有"腰铁"，把拱石连锁起来。而且，每块拱石的侧面都凿有细密斜纹，以增大摩擦力，加强各券横向联系。这就使得各券连成一个紧密整体，增强了整座大桥的稳定性和可靠性。

赵州桥全部用石块建成，共用石 1 000 多块，每块石重达 1 吨，所有的石块都用铁榫连接起来。桥上装有精美的石雕栏杆，雄伟壮丽、灵巧精美。桥上各部件的装饰也十分精美，顶部塑造出想象中的吸水兽，寄托大桥不受水害、长存无疆的良好愿望；栏板和望柱上雕刻着各式蛟龙、兽面、花饰、竹节等，尤以蛟龙最为精美。蛟龙或盘踞游戏，或登陆入水，变幻多端，神态极为动人。刀法遒劲，风格新颖豪放。古人为此曾作对联："水从碧玉环中去，人在苍龙背上行。"

世界著名科技史专家英国的李约瑟博士曾说："在西方圆弧拱桥都被看作是伟大的杰作，而中国的杰出工匠李春，约在 610 年修筑了可与之辉映，甚至技艺更加超群的拱桥。""李春的敞肩拱桥的建造是许多钢筋混凝土桥的祖先。李春显然建成了一个学派和风格，并延续了数世纪之久。这些桥使我认为在全世界没有比中国人更好的工匠了。"桥梁专家福格·迈耶说："罗马拱桥属于巨大的砖石结构建筑……独特的中国拱桥是一种薄石壳体……中国拱桥建筑，最省材料，是理想的工程作品，满足了技术和工程双方面的要求。"纽约现代艺术博物馆出版的《桥梁的建筑艺术》一书曾这样描绘赵州桥："该结构如此合理，造型如此优美，外观如此独具匠心，相比之下，以至使得大多数的西方桥梁显得笨重和缺乏艺术性。"

1991 年 9 月，美国土木工程师学会和中国土木工程学会为赵州桥赠送和安置了国际历史土木工程里程碑。同为国际历史土木工程里程碑的建筑包括英国伦敦铁桥、法国巴黎埃菲尔铁塔、巴拿马运河等。

3. 北宋工匠建筑师——喻皓

喻皓生活在五代末、北宋初，是浙江杭州一带人。他在北宋初年当过都料匠（掌管设计、施工的木工）。由于他长期从事建筑实践，又勤于思索，善于学习，在木结构建筑技术方面积累了丰

富经验，尤其擅长建造多层的宝塔和楼阁。

北宋初年，中国还没有完全统一。当时占据杭州一带的吴越国王钱俶派人在杭州梵天寺修建一座方形的木塔。塔建到两三层时，钱俶登上去，感到塔身有些摇晃，便问是什么原因。主持施工的工匠认为是塔上还没有铺瓦，上部太

喻皓像

轻以至摇晃。可是等到塔建成铺上瓦以后，人走上去塔身还是摇摇晃晃，工匠们束手无策，于是向喻皓请教。对建造木塔颇有研究的喻皓到现场查看后，提出解决方案：在每层都铺上木板，用钉子钉紧。工匠照做后果然塔身稳定。喻皓的办法是符合科学道理的，各层都钉好木板后，整座木塔就连接成一个紧密的整体，人走在木板上，压力分散，并且各面同时受力，互相支持，塔身自然就稳定了。可见，喻皓对于木结构的特点和受力情况有比较深刻的认识。

宋太宗想在京城汴梁（今河南省开封市）建造一座大型宝塔，官府从全国各地抽调了一批能工巧匠到汴梁进行设计和施工，喻皓也在其列，并受命主持这项工程。为了建好宝塔，他事先造了一个宝塔模型。塔身八角十三层，各层截面积由下到上逐渐缩小。当时有一位名叫郭忠恕的画家提出这个模型逐层收缩的比例不大妥当，喻皓慎重对待这一意见，对模型的尺寸进行了认真研究和修改，才破土动工。端拱二年（989年）8月，雄伟壮丽的八角十三层琉璃宝塔建成，这就是有名的开宝寺木塔。塔高108米，是当地几座塔中最高的一座，也是当时最精巧的一座建筑物。

然而塔建成后，有人发现塔身微微向西北方向倾斜，于是赶紧询问喻皓。喻皓解释说："京师地平无山，又多刮西北风，使塔身稍向西北倾斜，为的是抵抗风力，估计不到一百年就能被风吹正。"原来是他有意这样做的。可见喻皓在设计时不仅考虑到工程本身的技术问题，还注意到周围环境以及气候对建筑物的影响。

就高层木结构的设计来说，风力是一项不可忽视的荷载因素。在当时条件下，喻皓能够做出这样细致周密的设计，是很了不起的创造。可惜的是，这样一座建筑艺术的精品，在一次火灾中被烧毁，没有能够保存下来。

我国的古代建筑大多是木结构。经过长期的经验积累，到宋朝，木结构技术已经达到很高水平，并且形成了独特的建筑风格和完整的体系。但当时这种技术的传承主要靠师徒传授，还没有一部专门书籍来记述和总结，以至许多技术得不到交流和推广，甚至失传。为此，喻皓决心把历代工匠和他本人的经验编著成书，经过几年的努力，终于在他晚年时写成了三卷本的《木经》。

《木经》是一部关于房屋建筑方法的著作，也是我国历史上第一部木结构建筑手册，遗憾的是并没有流传下来。根据北宋大科学家沈括在《梦溪笔谈》中的简略记载，《木经》对建筑物各个部分的规格和各构件之间的比例关系作了详细具体的规定。例如，厅堂顶部构架的尺寸依照梁的长度而定，梁有多长，就有相应的屋顶多高，房间多大，椽子多长等。屋身部分，包括屋檐、斗拱的规格和尺寸都依柱子的高度而定，台基的规格和尺寸大小也和柱高有一定的比例关系。屋外的台阶根据实际需要，分成陡、平、慢三种，也都有具体的规格。这些记述尽管不够系统，但是可以看出北宋时期的建筑技术有了很大发展。同时，喻皓努力找出各构件之间的相互比例关系，这对于简化计算、指导设计、加快施工进度等很有帮助，也是将实践经验上升为理论的有意义的尝试。

《木经》的问世不仅促进了当时建筑技术的交流和提高，而且对后来建筑工程的发展有很大影响。大约一百年后，由李诫编著、被誉为中国古代建筑宝典的《营造法式》一书问世，该书中关于"取正""定平""举折""定功"等部分就是参照《木经》写成的。

四、纺织技术与实践者

1. 纺织技术的主要成就

隋唐时期，民间纺织业蓬勃发展，这与当时官府为了恢复农业而采取的均田制关系密切。在农民的贡赋中，除了纺织原料外，还需向朝廷交纳纺织品。据《隋书·地理志》载，"豫章之俗，颇同吴中，一年四五熟，勤于纺绩，亦有夜浣纱而旦成布者，俗呼鸡鸣布"，可见当时民间家庭纺织业之繁盛。中唐以后，随着城市繁荣和商品流通的加速，纺织作坊大为增多，如当时已有织锦坊、毯坊、毡坊、染坊等。部分私营纺织作坊具有很大的规模，在定州甚至出现了拥有五百张绫机的作坊。

相较之下，官营纺织作坊有着更为严密的组织系统，规模也相当大。中央的少府监下辖织染署，分工精细复杂，包括 25 个作坊。至宋朝时，少府监下辖有绫锦院、内染院、文思院、文绣院，所产的绫、锦、罗、帛以及绣品专供皇室贵族和达官显宦使用，亦有部分供军需和岁赐之用。南宋时，官营的杭州、苏州、成都三大织锦院雇佣工匠多达数千人，其规模可见一斑。

唐宋时期的丝织工艺已经达到娴熟精湛的程度。丝织品的花色品种和数量都比以前有显著增加。各种色彩鲜艳华丽、花纹图案精美的丝织品，琳琅满目，争奇斗艳，令人赞叹。大宗丝织品通过陆路和海路远销亚、欧、非的许多国家，深受各国喜爱。

除了继承和发展以前的丝织技术和工艺技巧外，唐代丝织工艺的一个重要特点是纬锦和花纱的大量生产。此前的锦大多是以经线显花，以纬线显花的锦南北朝时期已经出现，但是数量不多。到了唐代，纬线显花的纬锦大量生产，在锦织品中占主要地位。纬锦的生产比经锦受织机的限制小，而且增强了织物的色彩，丰富了织物纹样的内容。此外，还出现了绞缬、夹缬、蜡缬和介质印花等印花

宋《耕织图》中的花楼机

技术工艺。

　　宋代的各种丝织技术持续发展，尤其是缂丝制品世界驰名。缂丝又称刻丝，是我国丝织品中独特的工艺制品。它的织造工艺虽然早已产生，但是在宋代有了显著提高。缂丝的特点是把绘画或书法艺术移植到丝织品上，既保留了原作的形象和风格，又具有丝织物纤细精巧的特色，是一种高水平的艺术再创造。织成之后，绘画、书法犹如是在丝织品上镂刻而成，具有极高的艺术价值。宋代的缂丝大多以唐宋名家的绘画和书法作品为底本，把山水、阁楼、花卉、鸟兽、人物以及各种字体的书法在丝织品上表现出来。缂丝以细经粗纬的纬线起花法织造而成，经线通贯，纬线不是只用一把梭子通投到底，而是根据花纹的不同色彩，把每梭纬线分成几段的断纬，用若干小梭分织。所以这种织法也被称作"通经断纬"。

　　随着纺织技术的发展，纺织机械也不断有所改进。宋代出现的

32锭大纺车,以水力或畜力作动力,节省了人工,并且把加捻和
卷绕结合在一起,简化了工序,提高了工效,是纺车的重大革新。
宋元竖锭大纺车是这一时期专供丝、麻加捻的工具。规格尺寸大的,
主要是捻麻;规格尺寸小的,主要是捻丝。据王祯记载:"或人或畜,
转动左边大轮,弦随轮转,众机皆动,上下相应,缓急相宜。……
昼夜纺绩百斤,或众家绩多,乃集于车下,秤绩分,不劳可毕。"
可见当时很多从事麻织的人家,都把已经绩好的麻条集中到有这种
纺车的作坊,请其代为加工,而且每架车一昼夜大约可完成上百斤
麻条的加捻。同样的,中原地区从事丝织的人家,也常常把缫好的
丝缕,集中到类似的作坊,请其代为捻制,以腾出时间专事织作。
此外,从现存的宋代《耕织图》中可以看到,当时的提花机已经具
有双经轴和十片综,功能相当完善。提花机由两人操作,上面的挽
花工在花楼上提综,下面的织花工投梭引纬,能够织出复杂的花纹
图案。

2. 棉纺织革新专家——黄道婆

黄道婆,松江府乌泥泾(今上海旧城西
南九里)人,宋末元初著名棉纺织革新专家。
她年轻时流落在崖州(今海南省崖县),向当
地黎族人学会了运用制棉工具的技能和织崖
州被的方法。元成宗元贞年间,黄道婆搭乘
海船回到故乡。她在乌泥泾教人制棉,传授
"做造捍、弹、纺、织之具",又将崖州织被
法教给当地妇女,"错纱配色,综线挈花","以
故织成被、褥、带,其上折枝、团凤、棋局、
字样,粲然若写"。一时乌泥泾及周边地区纷
起效仿,影响所及,遍于长江三角洲广大地区。

黄道婆像

黄道婆对我国手工棉纺织业的贡献主要
有以下几个方面。

（1）对手工棉纺织机的革新

陶宗仪《南村辍耕录》记载，松江府乌泥泾地区"初无踏车、椎弓之制，率用手剖去子，线弦竹弧，里案间，振掉成剂，厥工甚艰"。据此推断，用踏车轧去棉子代替手剖去子、用椎击弦的大弓代替线弦竹弧的小弓进行弹棉，意味着捍、弹方法和工具的重大变革。综合元明清历代文献，可以推测，正是黄道婆带回或创制了踏车。

后世许多文献和传说都描述了黄道婆发明的脚踏式三锭木棉纺车——"黄道婆纺车"。黄道婆是从改革原来供并捻丝麻的脚踏纺车的轮径着手并取得成功的。在并捻丝麻时，要求加上足够的捻度，因而要求锭子转动得快，在锭子轮径大小一定的情况下，就要使转动锭子的纺车轮径增大。在纺棉时，必须把棉筒充分牵伸变细，因而锭速不能太快，否则纱条上捻度过多，易引起断头。所以要改小纺车轮径，降低纺车竹轮与锭子的速度。王祯在《农书》中，绘有木棉纺车图，并把它与并捻麻纱的纺车加以比较，认为这种脚踏木棉纺车，轻巧省力，功效倍增。这是黄道婆对棉纺织工具革新的最重要的贡献。

三锭木棉脚踏纺车流传很广，明代还出现了四锭的棉纺车。

（2）在生产精美棉织品上的贡献

棉织初传到江南时，当地人技艺不精，主要是织一些本色粗布以代替麻布。黄道婆将海南精湛的织造技艺带回故乡，且结合江浙原有的丝麻纺织技术，开发出精美的新式棉织品。

海南黎族人民织造的著名棉织物，黎单、黎巾、黎幕等，都是色织布，织造时要进行"错纱配色"。"综线挈花"则是利用束综提花装置，以织造大提花织物，这种技术在丝织上早已采用。黄道婆运用色织和提花织造这两种技艺，织造出被、褥、带、帨等产品，其中最著名的是仿照"崖州被"织出的名闻天下的"乌泥泾被"，是一种高贵、精美的棉织品。

明成化年间，这种提花棉织品传入皇宫，受到嫔妃、宫女们的

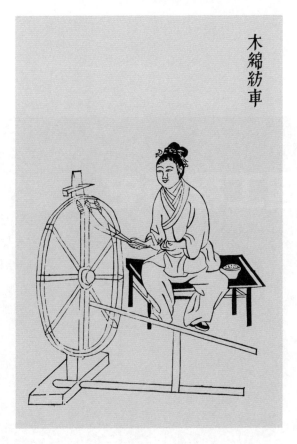

木綿紡車

王祯《农书》所载"木棉纺车"

欢迎，于是乌泥泾一带人家，受官府之命，专为皇室织造，织出的图案有龙凤、斗牛、麒麟、云彩、象眼等，颜色有大红、真紫、赫黄等，十分精致。

（3）推动棉纺织品的商品生产

乌泥泾被闻名天下之时，每匹价值百两，依赖织被收入而生活的人家有上千户。明代张之象捐地为黄道婆立祠，并作《祠祀》，称："土人竞相仿习，稍稍转售他方以牟利，业颇饶裕。"说明黄道婆教家乡人民进行棉纺织生产的结果，是发展了棉纺织品的商品生产，形成了专业性的棉织品生产。

到明代中叶，松江府成为全国棉纺织业的中心。明代正德年间《松江府志》记述："俗务纺织，他技不多"；"如绫布二物，衣被天下。"据估计，在1860年时，全国远距离销售的棉布，约为4 500万匹，其中产自松江府七县一厅的为3 000万匹，占全国的2/3。

松江府的植棉虽非始自黄道婆，但松江府发展成为衣被天下的手工棉纺织业中心，确是黄道婆奠定的基础。

中国工程师史 第一卷

第五章

从辉煌到没落——元、明、清时期的工程师及实践

一、建筑工程与实践者

1. 明长城的修筑

明朝建立以后，因为其腹地仍不断被北方游牧民族南下骚扰掠夺，东北部又有女真族兴起，统治者十分重视北方的防务。明朝统治的两百多年中，朝廷几乎没有停止过修筑长城和巩固长城的防务，最后修成了全长6 000多千米，东起鸭绿江，西达祁连山麓的明长城，也就是我们今天所见到的万里长城。

明长城以重要关隘地为建筑重点，其中著名的有居庸关、山海关、雁门关。在重要的道口、险峻山口、山海交接处设置关城，既可交通，又可防守。一两百步设一空心敌台，作为驻守士卒居住、贮备粮械的堡垒。"台虚中三层，台宿百人，两台相应，左右相救，骑墙而立。下层中空，上层四面箭窗，上建楼橹，环以垛口，设有火炮。敌台用石条砌台基，大青砖筑墙身。使敌箭矢不能及，敌骑不敢近。"在跨越河流的地方，长城下设水关，使河水通过。出于防守的需要，在城身上每隔不远处建有突出的墙台，便于左右射击靠近墙体之敌；相隔一定距离又有敌楼，用来存放武器、粮草和供守卒居住，战时又可用作掩体。在长城沿线还建有独立的烽燧、烽台，用于在有敌来犯时，举火燃烟，传递信息。长城从关城向外扩展，有连绵不断的"烽火台"为节点。烽火台是用土石砌垒起来的高台，台上备有柴草、硫黄、硝石等物。如白天遇到敌情，哨兵就燃烟，也称为"燧"，因内含狼粪，点燃的烟可直达云霄，因此俗称"狼烟"；夜间有敌情时，哨兵就举火，称"烽"。后人常用"狼烟遍地""烽火连天"来比喻战争场面。

关城由城墙、城门、城门楼、瓮城（有时还有罗城、护城河）等组成。城门上方一般建有城楼，它是军事观察所和指挥部，也是战斗据点。瓮城在预想的敌人主攻方向的城门外，再围上一个小城，

"天下第一关"山海关近影

形成二道城墙。罗城是在预想的敌人主攻方向的瓮城外，再围筑一
道城墙，它不仅起掩护瓮城的作用，而且能掩护内城城墙较长的地
段。一般在关城的四周均有护城河，形成了关城的又一道防线，迫
使敌人必须涉水过河才能到达城下，增加了攻城的难度。

　　位于北京延庆县的八达岭长城关口，是明代长城保存得较完整
的一段。八达岭北往延庆，西去宣化、张家口，东到永宁、四海，
是居庸关的外口，交通四通八达，故名"八达岭"。八达岭关城建
于明弘治十八年（1505 年）。这一段的城墙，依山势修筑，墙身高
大坚固，下部为条石台基，上部采用大型城砖砌筑，内填泥土和石块。
顶部地面铺满方砖，嵌缝密实。山势陡峭处，砌成梯道，山脊高地、
城墙转角或险要处，筑有堡垒式城台、敌台或墙台。城墙高低宽窄
不一，平均高 7 米，有些地段高达 14 米。这里居高临下，地势险峻，
设有关城，可说是"一夫当关，万夫莫开"之地，历代都设重兵把守。

　　八达岭关城设东西两座关门，两门相距 63.9 米，城内面积
5 000 多平方米。城墙平均高 7.5 米，墙脚宽 6.5 米，顶宽 5.8 米，
可容 5 马并骑、10 人并行。城墙内侧有 1 米高的矮墙，称"宇墙"
（女儿墙），外侧称"堞墙"，上有以砖砌就的一个个高 1.7 米的垛口，

远眺嘉峪关城楼

垛口上部有瞭望孔和射击洞。垛口之间相隔半米。沿城墙向前望去，每隔300～500米有一座方形或长方形的凸出台子，高的称"敌楼"，上层有垛口可瞭望射击，下层有券洞，券洞上为平台，南北两面各开一豁口，接连关城城墙，台上四周有砖砌垛口，可供住宿或存放武器；低的称"墙台"，突出墙外，是巡逻放哨的地方。

明长城还有两处著名的关口——山海关和嘉峪关。山海关坐落于今河北省秦皇岛东北，是华北与东北交通必经的关隘。1381年，明朝大将徐达在此建关城，修筑长城。关城北倚燕山山脉，南临波涛汹涌的渤海湾，因此得名"山海关"。这座关城平面呈方形，周长4千米，高14米，厚7米。有城门4座，东门最为壮观，内悬"天下第一关"匾额，各门上都筑有城楼，城中心建钟鼓楼，城外有护城河。

　　嘉峪关位于甘肃省戈壁滩上嘉峪关镇西南隅，坐落在祁连山脉文殊山与合黎山脉黑山间的峡谷地带嘉峪塬上，是万里长城西端的终点。嘉峪关建于 1373 年，早在汉隋两代已建有墩台，由于地势险要，建筑雄伟，自古以来被称为"天下雄关"，是扼守河西走廊的第一要隘，也是古代丝绸之路必经之地。

　　修筑长城的工程巨大，仅以明代修筑的长城估算，需用砖石 5 000 万立方米，土方 1.5 亿立方米。如果用这些砖石铺筑宽 10 米、厚 35 厘米的道路，可以绕地球两周有余。巨龙似的城垣需要大量的砖，明代修筑长城时已经有了按生产流程，比较科学地烧制砖瓦的作坊，因此砖制品的产量大增，砖瓦不再是珍贵的建筑材料，所以明长城不少地方的城墙内外檐墙都以巨砖砌筑。许多关隘的大门，多用青砖砌筑成大跨度的拱门，这些青砖有的虽然已严重风化，但整个城门仍威严峙立，表现出当时砌筑拱门的高超技能。从关隘的城楼上的建筑装饰看，许多石雕砖刻的制作技术都极其复杂精细，反映了当时工匠匠心独运的艺术才华。[1]

　　明代修长城时没有运输的机械，主要靠人力搬运，大条石一块就有 2 000 多斤，大城砖一块也有 30 多斤，内含沙石子，非常坚硬，刀刻不动。搬运方法主要是排成长队传递，也采用了手推小车、滚木、撬棍、绞盘等简单工具。有时还利用牲畜，但大量工作还是靠人力完成，所以修筑长城死亡的人数难以统计。

　　长城作为防御工程，翻山越岭，穿沙漠，过草原，越绝壁，跨河流，其所经之处地形之复杂，所用结构之奇特，在古代建筑工程史上可谓一大奇观。长城的建筑主要是利用地形，就地取材，有山的地方，尽量利用陡险的山脊，外侧峭直，内侧平缓，并开山取石，凿成整齐的条石，内填灰土和石灰，非常坚实。

　　在沙漠地区，千里流沙，缺少砖石，汉长城采用当地出产的砾石和红柳，充分发挥砾石的抗压性能和柳枝的牵拉性能，这两种材料结合砌筑的城体非常坚固，经历两千多年风沙雨雪的冲击，不少

1　罗哲文. 万里长城的历史兴衰与辉煌再创 [J]. 群言, 2002(4):51-54.

在群山中绵延的长城

地段仍屹立高达数米。在西北黄土高原地区，长城大多用夯土夯筑或土坯垒砌，其坚固程度不亚于砖石。如嘉峪关长城墙体，修筑时建造者专门从关西十多千米外的黑山挖运黄土，夯筑时使夯口相互咬实，这种墙体土质结合密实，墙体不易变形裂缝。明代修筑长城以砖、石砌筑和砖石混合砌筑为主，重要地段用砖垒砌，墙身表面用条石或砖块砌筑，用白灰浆填缝，平整严实，草根、树根很难在缝中生长，墙顶有排水沟，排除雨水保护墙身。还就地开窑厂烧砖瓦，采石烧石灰。

长城体现了中华民族自强不息的顽强生命力，熔铸了中华民族博大的文化精神，积淀与凝聚了丰富深刻的思想内涵。在如此险峻的地段，依靠如此简陋的手工劳动工具，用血肉之躯建筑起如此精巧、气势磅礴而震撼世界的地上长龙，显示出中华民族坚忍刚毅和勤劳智慧的精神。因长城而衍生的文化篇章更是异彩纷呈、灿烂夺目。以长城为题材的巨型书画石刻、壁画、诗赋、歌曲世代传颂，无不与长城的精神有关，显示了中华民族博大精深的灿烂文化。

2. 明代建筑师蒯祥与紫禁城太和殿

自汉、唐以来，历代王朝对于
大规模宫殿的建造都极为重视。明
永乐十四年（1416年），明成祖朱
棣颁诏迁都北京，下令仿照南京皇
宫样式营建北京宫殿，特召江南工
匠进京营造，其中就包括紫禁城太
和殿的设计者蒯祥。

蒯祥（1397—1481），字廷瑞，
苏州人。他被明成祖称为"蒯鲁
班"，出身木工，但具有指挥大型

从景山眺望紫禁城（摄于
1901年前后）

工程的才能，先后主持修建的工程包括：永乐十五年（1417年），
依南京旧制建"奉天""华盖""谨身"三殿，午门、端门、承天门
及长陵；洪熙元年（1425年），建献陵；正统五年（1440年），负
责重建皇宫前三殿及乾清、坤宁二宫；正统七年（1442年），建北
京衙署；景泰三年（1452年），建北京隆福寺；天顺四年（1460年），
建北京西苑（今北海、中海、南海）殿宇；天顺八年（1464年），
建裕陵等。

建于明初的紫禁城（现北京故宫），是现存世界上最大的宫殿
建筑群，建筑面积15.5万平方米。周围环绕着高12米，长3 400
米的围墙，墙外有52米宽的护城河，形成一个长方形的壁垒森严
的城堡。据史料记载，紫禁城的建造共耗时14年，用了100万民工，
建有房间9 999间半。据1973年专家现场测量，现存有大小院落
90多座，房屋980座，共计8 707间（此"间"非现今房间之概念，
指四根房柱所形成的空间）。

紫禁城正殿即太和殿（俗称金銮殿），是世界上现存最大的木
构建筑，位于紫禁城南北主轴线的显要位置。它与曲阜孔庙的大成
殿、泰山岱庙的天贶殿并称东方三大殿。永乐十八年（1420）年基
本竣工，初名为"奉天殿"。初建时面阔为最高等级的九间制，进

太和殿今貌

深为五间制，象征"九五之尊"。嘉靖四十一年（1562 年），更名为"皇极殿"，并一直沿用至清初。清顺治二年（1645 年），始改称为"太和殿"。

蒯祥设计营建紫禁城的宫殿之后，从工匠逐级升至工部营缮司主事、员外郎，遂为工部右侍郎，转左侍郎，享受一品官俸禄。成化年间（1465—1487），他仍以 80 多岁的高龄"执技供奉，上（皇帝）每以活鲁班呼之"。《康熙吴县志》称赞他"能主大营缮"；《光绪苏州府志》记述"凡殿阁楼榭，以至回廊曲宇，随手图之，无不中上意"。《吴县志》还记录他"能以两手握笔画龙，合之如一"的绝技。这样技艺超群的建筑艺术大师，可以说是旷世奇才了。

蒯祥像

3. 明清时期的园林工程

中国古典园林是居住类建筑的延伸，或者可以说是居住类建筑的一种高级形态，具有可居、可游、可观、可悟的文化属性。其中，以居住性功能为首。厅、堂、廊、轩，亭、台、楼、阁等园林景观，首先是作为可居的空间环境而存在的，其次才是可游、可观、可悟的审美对象。

《圆明园四十景图咏》是乾隆九年（1744年）由宫廷画师唐岱等绘制而成的40幅分景图。图中为四十景中的"上下天光"

明清时期，中国古典园林文化，无论是皇家园林还是私家园林，均进入了发展的巅峰时期。皇家园林的兴建集中在清代，圆明园、颐和园与避暑山庄，体现了中国皇家官苑艺术的最高水平，其景观中的建筑部分具有"皇家气派盖古今"的特色。

圆明园由圆明、长春、绮春（后改名为万春）三园构成，规模宏大，占地面积约350万平方米，其外围总周长近10千米，共有园景123处。园内殿、堂、厅、台、馆、阁、楼、轩、亭、廊、桥等总建筑面积约为16万平方米，几乎全由人工在平地之上堆山理水、叠石筑路，是对原始地形、地貌的彻底改造。

乾隆初期，在长春园内起造"西洋楼"建筑群，名为"谐奇趣"。楼高三层，从楼的左右两边曲廊伸出六角楼厅，作为演奏蒙、回与西域音乐的场所。传教士郎世宁与王致诚、艾启蒙主持了"西洋楼"的设计和建造。同时，传教士蒋友仁仿制了多个西方园景或建筑中常见的喷泉（中国称大水法）。此后又建"蓄水楼"，该楼高二层，位于"谐奇趣"的西北部，专供喷泉用水。乾隆二十五年（1760年）建成的"海晏堂"是园中最大的"西洋楼"，其主立面西向，楼高二层，面阔为11间，中间设门，门外平台左右对称地布置弧形石阶及水扶梯形式扶手墙。沿石阶下达水池，池两侧各排6个铜铸喷水动物造型，代表12时辰，每隔一个时辰依次按时喷水。正午时分，12个铸体同时喷水，蔚为奇观。"海晏堂"以东又设石龛式大水法，其正北是"远瀛观"，其下布置水石、台榭，花木扶疏，曲

颐和园十七孔桥

韵入画，胜境天成。皇家古典园林中融入了"西洋楼"建筑群，标
志着欧洲建筑与造园艺术的传入，体现了中西建筑与园林文化的交
流与融合。

　　皇家园林的另一代表作颐和园，建于清代晚期，总面积约 290
万平方米。其中，水面约占 3/4，山地、平地与岛屿约占 1/4。园
区北部为万寿山，山南有昆明湖，西部遥对玉泉山与西山诸峰，风
景佳丽。园内有建筑 3 000 余间，是中国现存最完整的大型皇家园
林。园址所在地原为一处名胜，康熙年间在此营造行官，乾隆年间
建为清漪园。1860 年，被英法联军烧毁。1886 年，慈禧太后大事
修复，于两年后建成，更名为颐和园。从此，颐和园成为晚清最高
统治者在紫禁城之外最重要的政治和外交活动中心。1900 年，八
国联军侵入北京，颐和园又一次遭洗劫，1902 年清政府又予重修。

　　这座皇家园林分为三个区域：以庄重威严的仁寿殿为代表的政
治活动区，是清朝末年慈禧与光绪从事内政、外交等政治活动的主
要场所；以乐寿堂、玉澜堂、宜芸馆等庭院为代表的生活区，是慈
禧、光绪及后妃居住的场所；以长廊沿线、后山、西区组成的大区域，

颐和园内佛香阁

是供帝王及其亲眷休闲娱乐的苑园游览区。前山以佛香阁为中心，组成庞大的主体建筑群。万寿山南麓的中轴线上，金碧辉煌的佛香阁、排云殿建筑群起自湖岸边的云辉玉宇牌楼，经排云门、二宫门、排云殿、德辉殿、佛香阁，终至山巅的智慧海，重廊复殿，层叠上升，贯穿青琐，气势磅礴。

除了皇家园林，中国古典私家园林的杰出代表当数江南园林。江南"四大名园"为南京瞻园，苏州留园、拙政园，无锡寄畅园。此外，上海豫园，南京玄武湖，扬州瘦西湖、个园、何园，苏州沧浪亭、狮子林等都是江南古典园林的典范。

留园在苏州阊门外，始建于明万历二十一年（1593年），为太仆寺少卿徐泰时的私家园林，当时称东园。清嘉庆五年（1800年）归刘蓉峰所有，改称寒碧山庄，俗称"刘园"。清光绪二年（1876年）又为盛旭人所据，始称留园。留园占地约2万平方米，园内建筑的数量在苏州诸园中居冠，约占园总面积的1/4，分布也最为密集。厅堂、走廊、粉墙、洞门等建筑与假山、水池、花木等组合成数十个大小不等的庭园小品，讲究亭台轩榭的布局，假山池沼的配合，花草树木的映衬，近景远景的层次。游览者无论站在哪个点上，

留园内景

眼前总是一幅完美的图画。园内亭馆楼榭高低参差，曲廊蜿蜒相续有七百余米之长，颇有步移景换之妙。在有限的空间范围内，造就了众多各有特性的建筑，布局合理，空间处理巧妙，处处显示了咫尺山林、小中见大的造园艺术手法，充分体现了古代造园家的高超技艺、卓越智慧和江南园林建筑独特的艺术风格。

拙政园所在地原为唐代诗人陆龟蒙的住宅，元代时为大弘寺。明正德四年（1509 年），御史王献臣仕途失意归隐苏州，以大弘寺址拓建为园，聘著名画家、吴门画派的代表人物文徵明参与设计蓝图，历时 16 年建成。"拙政"之名，源自晋代潘岳《闲居赋》："筑室种树，逍遥自得……灌园鬻蔬，以供朝夕之膳……此亦拙者之为政也。"

拙政园全园占地约 52 000 平方米，分为东、中、西和住宅四个部分。中园是拙政园的精华部分，面积约 12 000 平方米。其总体布局以水池为中心，亭台楼榭皆临水而建，有的亭榭则直出水中，具有江南水乡的特色。池水面积占全园面积的 3/5，池广树茂，景色自然。临水布置了形体不一、高低错落的建筑，主次分明。总体格局仍保持明代园林浑厚、质朴、疏朗的艺术风格。以荷香喻人品

拙政园内景观

的"远香堂"为中部主景区的主体建筑，位于水池南岸，隔池与东西两山岛相望。池水清澈广阔，遍植荷花，山岛上林荫匝地，水岸藤萝粉披，两山溪谷间架有小桥，山岛上各建一亭，西为"雪香云蔚亭"，东为"待霜亭"，四季景色因时而异。"远香堂"之西的"倚玉轩"与其西船舫形的"香洲"遥遥相对，两者与其北面的"荷风四面亭"成三足鼎立之势，都可随势赏荷。"倚玉轩"之西有一曲水湾深入南部居宅，这里有三间水阁"小沧浪"，以北面的廊桥"小飞虹"分隔空间，构成一个幽静的水院。

拙政园形成的湖、池、涧等不同的景区，把风景诗、山水画的意境和自然环境的实境再现于园中，富有诗情画意。森森池水以闲适、旷远、雅逸和平静的氛围见长，曲岸湾头，来去无尽的流水，蜿蜒曲折、深容藏幽，引人入胜。以平桥小径为脉络，长廊透迤填虚空，岛屿山石映其左右，使貌若松散的园林建筑各具神韵。整个园林建筑仿佛浮于水面，加上木映花承，在不同景色中产生不同的艺术情趣，如春日繁花，夏日蕉廊，秋日红蓼芦塘，冬日梅影雪月，四时宜人，创造出处处有情，面面生诗，含蓄曲折，余味无尽的韵味，不愧为江南园林的典型代表。

明宣德青花海水龙纹盘

二、陶瓷制造工程与督陶官

1. 精益求精的陶瓷工艺技术

传统的陶瓷工艺技术在明清时期稳步发展。明代沿袭并发展了前代的做法，不仅通过各地名窑给宫廷制造和供奉瓷器，并且在景德镇设立御器厂，专门给皇宫制造和供奉瓷器。明代御窑产品，按习惯皆冠以帝王年号，如洪武窑、永乐窑、宣德窑、成化窑等。永乐、宣德官窑所产的青花瓷，瓷质精细，色泽浓艳，造型各异，纹饰优美，这一时期也因此被称为我国青花瓷的黄金时代。永乐时，景德镇成功烧制出玲珑瓷。成化时，又在碧绿透亮的玲珑瓷周围配以青翠幽雅的青花装饰，制造出十分精细的青花玲珑瓷。此外，还烧制出了大龙缸和薄胎瓷，充分展现了景德镇制瓷技术的高度发达以及制瓷技师的艺术匠心与智慧。大龙缸，直径高度均达 70 厘米以上，通身饰以五爪龙须，形制巨大，气势宏伟，庄重肃穆，为帝王专用之物，他人不可僭越使用。最薄最细的薄胎瓷器，厚度只有 0.5 毫米，最厚的也只有 1 毫米，真正是胎薄如纸。

明成化年间（1465—1487 年）创出了"斗彩"装饰，将釉下青花和釉上多种色彩相结合，开创了我国彩瓷的新时代。这一时期，釉下彩绘取得突破性进展。如釉里红装饰，尤以宣德窑生产的釉里红瓷最为成功，宛如色泽鲜艳的红宝石。此外，成化年间还创出了

左：清康熙景德镇五彩凤凰梧
桐纹盘
右：清康熙郎窑红釉折腰撇口
碗

"填彩"装饰技法。嘉靖时创出了青花五彩和"翠青釉"，宣德时烧出了"宝石红釉"和"天青釉"。正德时烧出了"孔雀绿"，嘉靖时又烧出了"瓜皮绿"。

清代前期景德镇的制瓷业，无论是官窑还是民窑，在造型、技法、题材、风格等方面，几乎达到了炉火纯青、出神入化的境界。《景德镇陶录》中记载："陶至今日，器则美备，工则良巧，色则精全，仿古法先，花样品式，咸月异岁不同矣。而御窑监造，尤为超越前古。"

2. 著名督陶官及其成就

明清两代的帝王在景德镇设置官窑，随即也就委派专门负责管理官窑的官员，这类官员称为督陶官，或称督陶使。明代督陶官由皇帝身边的宦官担任，他们常常倚仗帝王威势专横霸道，多次导致官窑瓷工的反抗，官窑的生产也因此而几起几落。清代统治者改变了明代的做法，视宦官督陶为弊政，予以革除，而由朝廷直接派员督陶。所委派的官员，大都熟悉陶务，并肯钻研陶务，其中多位对景德镇陶瓷做出过贡献。

（1）臧应选

臧应选，工部郎中，于康熙十九年至二十七年（1680—1688）在景德镇御器厂督陶。由于官窑瓷器由他负责督造，因此习惯上

镶金边的郎窑红釉碗

把这时的官窑称为臧窑。臧窑最大的特点是质地莹薄，诸色兼备，以蛇皮绿、鳝鱼黄、古翠、黄斑点四种釉色为最佳，淡黄、淡紫、淡绿、吹红、吹青等品种也很美。臧窑的青花五彩瓷，多仿照明代的精品，大有青出于蓝而胜于蓝的气势。《景德镇陶录》记载臧氏曾得力于神助，才烧出如此精美的瓷器，也从侧面反映出，人们对臧氏精于陶务的赞美。

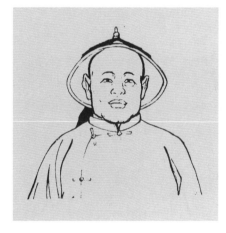

臧应选像

（2）郎廷极

郎廷极，时任江西巡抚，于康熙四十四年至康熙五十一年（1705—1712）在景德镇督造官窑。郎窑最著名的瓷器品种是"郎窑红"。郎窑红有两种，一种深红，一种鲜红。郎窑红色泽鲜丽浓艳，不仅完全恢复了明代的祭红，甚至还超过祭红，因与初凝的牛血一般猩红，法国人称之为"牛血红"。郎窑红釉面透亮垂流，全器越往下，红色越浓艳，这是由于釉在高温下自然流淌的结果。除了郎窑红这一突出成就外，郎窑还有仿古脱胎白釉器和青花瓷等成功之作。

（3）年希尧

年希尧，内务府总管，雍正四年（1726年）受命兼管官窑窑务。

清康熙年间的青花五彩瓷盘

年希尧像

年窑瓷器选料考究，制作极其精雅。《景德镇陶录》称其："琢器多卵色，圆类莹素如银，皆兼青彩，或描锥暗花，玲珑诸巧样，仿古创新，实基于此。"由于工艺高超，仿明代产品往往不易辨认。釉色丰富多彩，有一二十种之多。粉彩瓷画面以折枝花为多，也绘人物故事，浓淡明暗，色泽多变。

（4）唐英

清代最有名的督陶官是唐英。唐英生于康熙二十年（1682年），卒于乾隆二十一年（1756年）。他在皇宫造办处任职二十多年，43岁为内务府外郎，雍正六年（1728年）被派往景德镇厂署协助督陶官年希尧管理陶务，7年后正式成为督陶官，至乾隆八年（1743年）离开，先后共15年，是景德镇官窑督陶时间最长、成绩最为显著的督陶官。

唐英刚到景德镇时，对于制瓷一无所知。他闭门谢客，不事交游，聚精会神，同心勠力，与工匠同食同息三年之久，专心致志钻研制瓷技术，终于变外行为内行，掌握了瓷业生产诸方面的知识。加上他本身多才多艺，使他在督陶期间成就卓著。景德镇瓷器的制造水平，也在此期间达到了前所未有的高度。《景德镇陶录》评价道：

"公深谙土脉火性，慎选诸料，所造俱精莹纯全，又仿肖古名窑诸器，无不媲美，各种名釉，无不巧合，萃工呈能，无不盛备……厂窑至此，集大成矣。"唐窑瓷器在造型、装饰、釉色、瓷质以及制瓷工艺等方面的发展和创造都是空前的。

唐英管理陶务多年，不仅亲自参与工艺制作，还注重从理论上对瓷业生产技艺进行科学总结。他编撰的著作有《陶务叙略》《陶冶图说》《陶成纪事》《瓷务事宜谕稿》等。尤其是他61岁时编写的《陶冶图说》，是陶瓷工艺史和世界文化发展史上的一部不朽著作。这部著作图文并茂，制图20幅，形象而详尽地介绍了陶瓷生产的全过程，真实地反映了清代雍正、乾隆年间景德镇瓷器的制造水平。这是中国陶瓷历史上第一次对窑务的工程记载和总结，是中国讲述陶瓷工艺过程的第一部系统著作，对后来中国乃至世界陶瓷业都有着重大影响。[1]

自唐宋以来，陶瓷业以官窑为核心带动民窑，高峰迭起。第一个高峰应是唐时的白瓷和秘色瓷；第二个高峰是宋时的汝、钧、官、哥、定瓷；第三个高峰是元青花和枢府白；第四个高峰是明时宣德青花和成化五彩；第五个高峰则是唐英主持景德镇窑务时的唐瓷。

清乾隆年间的青花缠枝莲纹花觚。瓷身有"唐英敬制"等七行六十八字的楷书铭文

---

1 张发颖.唐英督陶文档 [M].北京：学苑出版社，2012：2.

三、郑和与古代造船工程

中国有悠久而光辉的造船和航海历史，既为国内的繁荣昌盛做出了重要的贡献，也对世界文明发展产生了深远的影响。

早在唐朝末年，巨大的中国海船已经蜚声国内外，因其体积大，又有水密隔舱、多重板等结构，在海上航行不怕风浪，安全可靠。

宋以后，我国官方的造船厂中出现并形成了一套先绘制"船样"，然后造船的设计法则。所谓"船样"就是比较详细的船舶设计图纸，上面绘有船图，注明船体和各部件的大小尺寸，还规定了用料、用工、造价。应用"船样"造船是船舶设计中的一个重大突破，体现了工程人员对船舶的结构和性能特点已经有了比较深入、系统的认识。这种设计方法在明清的官方造船厂中得到了普遍应用。现存的清朝《闽省水师各标镇协营战哨船只图说》手抄本中，既有船舶的整体图，又有平面图，记载有五类船只的大小尺寸、结构以及各部件名称。

明代初年，统治者继承了元代繁荣的海运传统，沿海航运，把江南的粮食运往北方，以保证北平、辽东的军需。到1415年大运河开凿完工，漕运逐渐发达，海陆运开始衰落。明成祖朱棣为扩大明朝的政治影响，争取和平稳定的国际环境，以明初强大的封建经济为后盾，以先进的造船业和航海技术为基础，大力推进航海事业。在这样的时代背景下，出现了举世瞩目的郑和下西洋航海壮举。郑和下西洋充分反映出中国的造船工程技术、航海技术和航运指挥技术已经达到那个时代的高峰。

郑和原姓马，生于1371年，云南昆阳镇（今晋宁县境内）人。因从明成祖朱棣夺位有功，被擢升为内官太监（俗称三宝或三保太监），赐姓郑，成为朱棣的亲信，执掌国家营造宫室、皇陵以及铜锡用器等权力。明成祖组织船队下西洋的时候又授予他总兵职务，命他统率船队。在1405年到1433年的28年中，郑和先后7

南京郑和公园内的郑和雕像

次率领船队远航，共访问过亚洲、非洲等 30 多个国家和地区，写下了人类大规模远洋航行的壮丽篇章。元明时期，中国人将今南海以西（约东经 110° 以西）的海洋及沿岸各地，远至印度及非洲东岸，概称为西洋，所以历史上有"郑和下西洋"的说法。1435 年，郑和逝世。他 7 次远航的光辉业绩在后世广为流传。

郑和死后不久，明统治集团即改变航海政策，远航被中止，巨型船舶停建，连郑和的航行档案也被付之一炬。因此，关于郑和船队每次远航确切的船只数量和规模，已经无人知晓。郑和远航所用的主体船舶，被称为"宝船"，含有"下西洋取宝"之意。史料记载有称郑和率大型宝船 62 艘，也有说是中型宝船 63 艘，也有说船只多达一两百艘，至今尚无定论。

地处南京的龙江宝船厂是我国目前发现保存最为完整的中国古代造船厂。它是明代最大的造船厂，也是郑和下西洋最大的造船和出海基地。20 世纪 50 年代后期，南京龙江宝船厂发掘出一根长 11.7 米的舵杆，它很可能是当年郑和宝船体积的物证之一。中国航海史研究会曾复原制作 9 桅 12 帆的福船（尖底）模型，作为当时郑和宝船的标准船型和尺寸。从宝船厂现存船坞的大小推算，要造大型宝船是完全有可能的。大型宝船应是郑和的帅船。[1]

即使按照今天的标准，宝船厂所有船坞的排列位置和设计都是很科学的。在用人工开挖的长方形船坞中，建成的宝船船首和船尾呈东西向排列；船坞西侧紧靠长江的堤坝上设人工水闸，将其打开，引江水进船坞，即可浮起宝船，进入长江，航行出海。现在还可以看到船厂内船坞的水位低于船闸外长江水位的痕迹。考古人员从遗址上排列的木桩、覆盖的芦席和遗留的造船构件、造船工具，复原

1　金秋鹏.图说中国古代科技 [M].郑州：大象出版社，1999：156.

郑和海船模型

出当时的造船工序、方法和操作手段，进一步研究这些远洋宝船的建造技术。

郑和下西洋所用船的船型，有专家推断是沙船。沙船最早在上海崇明岛制造，崇明岛是由海沙淤积形成的岛屿，又称崇明沙，所以这种船名叫沙船。沙船除了底平、吃水浅、速航性能好之外，还可以多设桅，多张风帆。为了弥补稳定性差的缺点，在船舷两侧装置披水板（就是腰舵）、梗水木（很像现在船上的舭龙筋）；遇风浪可用竹篮装巨石，放入水里，减轻船的摇晃，叫作太平篮。梗水木和太平篮都是明代出现的。它们与帆、披水板、船尾舵相互配合使用，提高了船只利用风力的性能，适航性强，可以利用八面风，包括逆风。在顶水逆风的情况下，船可以不断改变航向，走"之"字形航线。

还有一种观点认为，郑和所用船型为福船。因为从《郑和航海图》中可以看到，郑和下西洋所经海域广阔、地理状况极其复杂。船队从太仓出发即沿海岸南行，所经为多岛礁的深水海域。其后驶入南海、经马六甲海峡、跨越印度洋，海况更是水深、风大、浪高、潮汐猛烈。为安全起见，应当会选择适于深海航行的尖底海船福船，

左：沙船船型

右：福船船型

而不是底宽首阔、吃水浅、无法抵御狂风巨浪的沙船。20世纪90年代，专家根据古代木帆船的营造法式，结合现代船舶原理对沙船型宝船和福船型宝船摇荡性能进行研究，求得福船型宝船的横摇周期比较接近现代船舶的横摇周期，从抗风浪性和舒适性考虑，推断"郑和宝船为福船型"。

郑和船队的船舶并非全部由南京的龙江宝船厂承造，作为宋元时期造船中心之一的福建，也承担了部分建造工作。船队中也并不都用大型宝船，因为在沿途各处港汊的活动，并不是上述那样的大船都能胜任的。如果港汊比较狭小，大船就驶不进去；船队还要在沿途补充淡水，大船活动也不方便。因此，船队必须包括其他类型的船舶。据《明成祖实录》记载，永乐二年（1404年）正月，为准备遣使下西洋，曾经命南京宝船厂造海船50艘、福建造海船5艘。永乐三年（1405年）五月，又命浙江等地造船1 180艘。以后，每次出洋前，南京、浙江、江西、湖广等地都会奉命建造或改造海船，数量从几十艘到几百艘不等。

郑和远航对于中国航海和造船技术的发展与进步，起到重大的促进作用。

四、水利工程与治水专家

1. 白英与明代大运河的疏通

白英，山东汶上县人，生卒年代不详，根据史料的片断记载，知道他是明朝初年运河上的一位"老人"。明朝在运河沿线建有水闸，或在河道比较浅、船只航行不畅的地方，每隔一定距离设置庐舍，派驻一定数量的民夫，负责养护水利设施，引导过往船只。大约每十名民夫设一个负责人，称作"老人"，可见，"老人"是民夫的一种职称。白英长年劳动、生活在运河岸边，对山东境内大运河附近的地势和水情十分熟悉，对于治水和行船也有丰富的实践经验。他解决了运河中段水源不足的问题，为大运河全线航行畅通做出了卓越贡献。

明永乐九年（1411 年），工部尚书宋礼等人奉命征调民夫 16.5 万多人，疏浚运河，重点放在山东丘陵地带的会通河段（从临清到须城安山）。会通河缺乏水源，宋礼等治河官员对提高会通河航运能力这一关键问题毫无解决办法，直到采纳了白英的建议。

白英认真总结了会通河水源不足的原因，认为主要是以前选择的分水点不合理。元朝引水济运的办法是，把分水点设在济宁附近，在堽城筑坝，迫使汶水向南注入洸水，并且会合沂水、泗水，在济宁附近注入运河，然后分流南北。但是因为由济宁到南旺一段的地势是南低北高，流向北面的一支水必须爬坡上行，造成了"水浅涸胶舟，不任重载"的现象。白英经过仔细勘察分析，建议把位于会通河道最高点的南旺镇作为分水点，称为"水脊"。

白英又全面分析了会通河附近的河流分布情况，发现在河的东侧，南旺镇南面有沂水、泗水、洸水，水源比较丰富，南旺镇北面只有大汶河，它分成两个支流，一支向北流经东平县境入海，一支向南流入洸水。为了解决南旺镇北面水源不足的问题，白英建议改建元朝的堽城坝，阻止汶水南支流入沂水，同时在东平县的戴村修筑拦水坝，阻止汶水北支入海，把大汶河的全部水量和它沿线的泉水溪流引到南旺注入会通河。他还建议在南旺修建分水闸门，使六分水向北流到临清，接通卫河，四分水向南流到济宁，会同沂、泗、洸三水入黄河，因为当时黄河是经徐州再折向东南，到淮阴和淮河汇合入海的。为了便利航运，白英针对地形高差大、河道坡度陡的特点，建议在南旺南北共建水闸38座，通过启闭各闸，节节控制，分段延缓水势，以利船只顺利地越过南旺分水脊，经临清直达京师。

为了保证充足的水源，白英还建议利用天然地形，扩大会通河沿岸的南旺、安山、昭阳、马场等处的几个天然湖泊，修建成"水柜"，并且设置"斗门"，以便蓄滞和调节水量。同时，开挖河渠，把附近州县的几百处泉水引入沿河的各"水柜"。根据白英的建议而完成的会通河改造工程，一直为后人所称道。

2. 明代治黄专家潘季驯

黄河在历史上是一条多灾害的河流。当它咆哮东进，穿越西北黄土高原的时候，挟带了大量泥沙，到了下游，因为地势平坦，流速减缓，致使泥沙淤积河底，增高河床，所以每到夏秋汛季，常常泛滥成灾。自有文字记载的两千多年来，黄河下游决口泛滥就有1 500多次，河床重大改道26次，大致是三年两决口、百年一改道。黄河的水灾范围北到天津，南抵江苏、安徽等省，波及25万平方千米。

为了治理黄河的水患，勤劳、勇敢的劳动人民进行了不屈不挠、艰苦卓绝的斗争。明朝的潘季驯就是历史上一位著名的治黄专家。

潘季驯，浙江乌程（今吴兴县）人，生于明武宗正德十六年（1521年）。29岁考中进士，进入仕途，先后担任过九江府推官、大理寺丞、工部左侍郎、工部尚书、刑部尚书等官职。在明世宗嘉靖四十四年（1565年）到神宗万历二十年（1592年）的27年间，

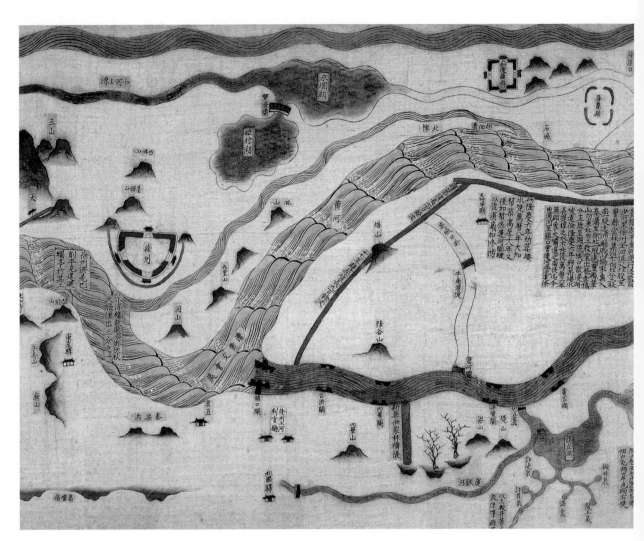

《河防一览图》（局部），潘季
驯等人于万历十八年（1590
年）绘制

他曾经 4 次担任总理河道的职务，负责治理黄河时间共 12 年，在治河的理论和实践方面都有重要的贡献。

永乐十九年（1421 年），明成祖由南京迁都北京。为了适应社会政治经济的需要，继续进行大运河的开凿，大力发展南北漕运。当时，黄河下游流向东南方向，经过徐州，在淮阴和淮河会合，流入东海。而运河在淮阴一带与黄淮相交，在今苏北鲁南一带形成一个纵横交错的水道网。这种黄、淮、运相交的局面，优势在于当徐州以南大运河水量不足的时候，可以得到黄河的接济。同时也有不利的一面，每当黄河泛滥，运道就会中断，并且会危及明朝皇帝在凤阳、盱眙一带的祖墓。

嘉靖三十七年（1558 年），黄河又一次改道，淤塞了运河，使漕运中断，朱氏祖坟也面临受淹的危险。统治者把治黄问题提到议事日程上来，不过，他们的主要目的是"治黄保运"。在治理方法上，采用的是"分其流，杀其势"的历代传统办法，使黄河水向多处分流，以减轻洪水对运河的威胁。同时为了保护朱氏祖坟，仅修筑加固祖坟所在一岸的大堤，而任凭黄水向另一岸泛滥，致使河患越来越严重。嘉靖四十四年（1565 年），黄河再次决口，沛县上下两百多里运河淤塞，徐州以上纵横几百里间一片泽国，灾情空前严重。潘季驯就是在这样的时刻出任河道总督，开始担负起治黄重任。

潘季驯亲自实地勘察，既认真总结前人的成果，又注意吸取劳动人民的经验，在当时的条件和技术水平下，创造性地提出了科学的治河理论和措施。潘季驯最重要的贡献是提出"塞旁决以挽正流、以堤束水、以水攻沙"的主张。所谓"束水攻沙"，就是根据底蚀的原理，在黄河下游两岸修筑坚固的堤防，不让河水分流，使水量集中、流速加快，把泥沙送入海里，减少泥沙沉积。他认为，黄河水一旦分流，则水的冲刷力量也势必减缓，势缓则沙停，沙停则河饱。尺寸之水，皆由沙面，止见其高。而水合则势猛，势猛则沙刷，沙刷则河深。筑堤束水，以水攻沙，水不奔溢于两旁，则必直刷平河底，一定之理，必然之势，所以合流比分流更有益。

根据这一道理，潘季驯在第三次治河的时候，针对黄河夺淮入海的情况，提出了"筑堰障淮，逼淮注黄，以清刷浊，沙随水去"的方针，在洪泽湖筑高家堰，提高淮河水位，使浑浊的黄河水不再倒灌入淮，并且把含沙量比较少的淮河水引入黄河，提高河水的挟沙能力。这对于防止河床淤塞，保证运道畅通，起了重要作用。

"束水攻沙"使水流速度加快，河流的冲刷力也增强，这就需要有坚固的堤防。潘季驯特别重视这个问题，他采用多种堤防综合治河的办法，建立了一整套堤防建设和养护方法。潘季驯把堤分为"缕堤""月堤""遥堤""格堤"4种："缕堤"靠近河岸，以束狭河流，促使河水冲刷河床，是最重要的堤防；在缕堤以内某些水流过激处修筑"月堤"，形状犹如半月，作为前卫，可以防止水流直冲缕堤造成溃决；"遥堤"位于缕堤外稍远处，大多筑在地形低洼容易决溢的地方，作为第二道防线，以拦阻水势过大的时候漫过缕堤的洪水；"格堤"修筑在遥堤和缕堤之间，用于防止洪水漫过缕堤后顺遥堤而下，冲刷出新的河道。

为了避免河水暴涨冲决缕堤，潘季驯又在河道几个要害地方的缕堤处修筑了四个减水坝（滚水坝）。溢出的洪水有遥堤、格堤拦阻，并且留有宣泄的出路，尽可能在下游回归河道，以保持比较大的挟沙力量。因此，减水坝不仅具有保护缕堤和宣泄洪水的作用，而且还避免了开支河分流杀势的弊病。同时，在堤坝后面还能够形成淤滩，既使大堤更加稳固，又可以种植庄稼，发展农业生产，这是潘季驯和治黄民工的一项巧妙创造。

潘季驯十分重视大堤的修筑质量，指明要选取"真土胶泥，夯杵坚实"，杜绝"往岁杂沙虚松之弊"，并且"取土宜远，切忌傍堤挖取，以至成河积水，刷损堤根"。为了检验大堤的质量，他提出"用铁锥筒探之，或间一掘试"和"必逐段横掘至底"的验收方法。这说明他已经采用类似现在的锥探、槽探两种方法检查大堤质量。为了加强堤防的维修防护工作，潘季驯制订了"四防"（昼防、夜防、风防、雨防）、"二守"（官守、民守）和栽柳、植苇、下埽等严格的护堤制度。他要求每年把堤顶加高五寸，堤的两侧增厚五寸。他已经打破了把筑堤单纯作为消极防御措施的传统观念，而是把它当作与洪水泥沙做斗争的积极手段，开创了治河史上的新篇章。

潘季驯之所以能够在治河上取得突出成就，和他严肃认真、一丝不苟、实事求是、不畏艰辛的工作作风分不开。他十分重视实地调查，常常亲赴现场查明情况，解决问题。当潘季驯第四次主持治河的时候，已是白发苍苍的 70 岁老人了，仍然和民工在一起沐风雨、犯霜露，亲自在工地上领导施工，终于使黄淮合流，漕运畅通。在最后一次治河的三四年后，他积劳成疾，于万历二十三年（1595 年）去世。

3. 清代治黄专家陈潢

陈潢，浙江嘉兴人，生于明崇祯十年（1637 年），卒于清康熙二十七年（1688 年），是一位平民出身的水利专家。康熙十六年（1677 年）以后，他协助当时任河道总督的靳辅治理黄河，表现出卓越的才能，在治黄理论和技术上有突出贡献。陈潢的主要著作《河防述言》和以靳辅的名义编著的《治河方略》，全面记述了他的治河经验，是我国古代治黄的重要论著。

明末清初，河务废弛，黄、淮决口越来越频繁。到康熙初年，平均每四五个月就泛滥一次，不仅给两岸人民造成了极大灾难，而且使当时统治者极为关心的"漕运"受到严重影响。为了治理黄河，康熙十六年（1677 年），靳辅被任命为河道总督，总理治河事宜。靳辅鉴于自己没有治河经验，对治河信心不足。陈潢认为这正是为国效劳的好机会，鼓励靳辅说："只要能实心力行，则天下无不可为之事"，并且表示愿意协助他担当起治河重任，从此开始了二人共同治水的事业。

在治黄的指导思想和治河理论上，陈潢有深刻独到的见解。他认为，黄河的洪水虽然奔腾湍急，不容易约束，但是一旦认识了它的规律，驾驭得法，就会获利无穷，如不得法，那危害也很大。

他指出，水流的最大特点是"就下"，即水往低处流。具体说来，就是它避逆趋顺，避壅趋疏，避远趋近，避险阻趋坦易。根据水流的这一自然规律，就可以采取相应措施，"因其欲下而下之，因其欲潴而潴之，因其欲分而分之，因其欲合而合之，因其欲直注而直注之，因其欲纤洄而纤洄之。"总之，要"顺水之性，而不参之以人意"，就可以平安无事。因此，"善治水者，先须曲体其性情，而或疏、或蓄、或束、或泄、或分、或合而俱得自然之宜。"

在治黄方法上，陈潢继承和发展了明朝著名治黄专家潘季驯"筑堤束水，以水攻沙"的治河思想，主张把"分流"和"合流"结合起来，把"分流杀势"作为河水暴涨时候的应急措施，而把"合流攻沙"作为长远安排。同时，他提出筑堤束水，以提高流水的挟沙能力，借水力把泥沙输送入海，减少沉积，使河床渐次刷深，这个办法既符合科学道理，又变害为利，一举两得。

在具体做法上，陈潢采用了建筑减水坝和开挖引河的方法。在河水暴涨的时候，在河道窄浅的险要地段建筑减水坝、开凿涵洞或开挖引河，把多余的水量分出去，然后再在下游河道宽阔、流速比较慢的地方引归正河，以保持充分的攻沙能力。这样既可以防止上游因水量过大而使堤防溃决的危险，又可以解决下游因水量不足而攻沙不力的弊病。

为了使正河保持一定的流速流量，陈潢在前人治水经验的基础上，经过仔细观察和刻苦钻研，发明了"测水法"，相当于现在的测水流量和流速的方法，使得"束水攻沙"的理论有了科学依据。这是陈潢对我国水利事业的突出贡献，在世界水利史上也是一项重要的发明创造。陈潢很重视实地考察，不拘泥于前人的经验和书本知识。他认为，虽然前人对治黄已经有不少成功经验，并且有书籍和地图可以参考，但是随着时间的推移，原来的地形、水流和河道状况等已经有了变化。这种深入实际、调查研究和善于听取群众意见的工作作风，是使他治河取得成功的重要原因。

陈潢具有远见卓识和科学头脑。在治河过程中，他已经认识到，"束水攻沙"的方法虽然对治导黄河下游和解决漕运问题有一定成效，但不是根本的解决办法。他认为，黄河的一大特点是含沙量太大，而大量泥土主要来自"西北沙松土散之区"。为了根治黄河，他打破了自古以来"防河保运"的传统办法，提出在黄、淮两河上、中、下游进行"统行规划，源流并治"的合理主张。

在由靳辅具名的奏疏中，他们进一步阐明了保持运道畅通和全面治理黄河的关系，指出运道的阻塞多半在于黄河河道变迁。而河道的变迁，都因为历代大多数治河的人仅致力于运河经行地段，对其他地方的决口不予重视。因此，即使无关运道，也决不能听任它溃决而不加治理。可惜的是，他们的这些设想没有得到统治者的重视和实施。随着靳辅晚年被革职，陈潢也告老还乡了。

拓展阅读

古代书籍（年代·作者·书名）

春秋末年·作者不详·《考工记》

宋·曾公亮·《武经总要》

宋·李诫·《营造法式》

元·王祯·《农书》

明·宋应星·《天工开物》

明·徐光启·《农政全书》

清·戴震·《考工记图》

清·毕沅·《关中胜迹图志》

清·陈梦雷，蒋廷锡·《古今图书集成》

现代书籍（作者. 书名. 出版地：出版单位. 出版年份）

李约瑟（英）. 中国科学技术史. 北京：科学出版社. 1975.

德波诺（英）. 发明的故事. 上海：三联书店. 1976.

单志清. 发明的开始. 济南：山东人民出版社. 1983.

黄恒正. 世界发明发现总解说. 台北：远流出版事业股份有限公司. 1983.

郑肇经. 中国水利史. 上海：上海书店出版社. 1984.

山田真一（日）. 世界发明史话. 北京：专利文献出版社. 1986.

王滨. 发明创造与中国科技腾飞. 济南：山东科技出版社. 1987.

刘洪涛. 中国古代科技史. 天津：南开大学出版社. 1991.

陈宏喜. 简明科学技术史讲义. 西安：西安电子科技大学出版社.1992.

王鸿生. 世界科学技术史. 北京：中国人民大学出版社.1996.

吕贝尔特（法）. 工业化史. 上海：上海译文出版社.1996.

梁思成. 中国建筑史. 天津：百花文艺出版社.1998.

赵夅辉. 电脑史话. 杭州：浙江文艺出版社.1999.

邹海林，徐建培. 科学技术史概论. 北京：科学出版社.2004.

纪尚德，李书珍. 人类智慧的轨迹. 郑州：河南人民出版社.2001.

杨政，吴建华. 世界大发现. 重庆：重庆出版社.2000.

王一川. 世界大发明. 西安：未来出版社.2000.

李佩珊，许良英. 20 世纪科学技术简史（第二版）. 北京：科学出版社.1995.

周德藩. 20 世纪科学技术的重大发现与发明. 南京：江苏人民大学出版社.2000.

路甬详. 科学改变人类生活的 100 个瞬间. 杭州：浙江少儿出版社.2000.

金秋鹏. 中国古代科技史话. 北京：商务印书馆.2000.

中国营造学社. 中国营造学社汇刊. 北京：知识产权出版社.2006.

瓦尔特·凯泽（德），沃尔夫冈·科尼希（德）. 工程师史：一种延续六千年的职业.
北京：高等教育出版社.2008.

项海帆，潘洪萱，张圣城，等. 中国桥梁史纲. 上海：同济大学出版社.2009.

娄承浩，薛顺生. 上海百年建筑师和营造师. 上海：同济大学出版社.2011.

陆敬严. 中国古代机械文明史. 上海：同济大学出版社.2012.

孙机. 中国古代物质文化. 北京：中华书局.2014.

附 录

一、工程师名录（按本书出现顺序）

古代工程师	冶 金	綦毋怀文　杜 诗
	建 筑	宇文恺　李 春　喻 皓　蒯 祥
	水 利	孙叔敖　李 冰　郑 国　白 英　潘季驯　陈 潢
	陶 瓷	臧应选　郎廷极　年希尧　唐 英
	船 舶	郑 和
	纺 织	嫘 祖　马 钧　黄道婆
近代工程师（1840—1949）	冶 金	盛宣怀　吴 健
	能 源	吴仰曾　邝荣光　孙越崎
	船 舶	魏 瀚
	铁 路	詹天佑　凌鸿勋　颜德庆　徐文炯
	电 信	唐元湛　周万鹏
	建 筑	周惠南　孙支夏　庄 俊　董大酉　杨廷宝　梁思成
		吕彦直　范文照
	道 路	段 纬　陈体诚
	桥 梁	茅以升
	机 械	支秉渊
	化 工	侯德榜
	纺 织	张 謇　雷炳林　诸文绮

新中国成立后三十年的工程师	**冶 金**	靳树梁	孟 泰	邵象华		
	建 筑	张 镈				
	桥 梁	李国豪				
	汽 车	张德庆	饶 斌	孟少农		
	飞 机	徐舜寿	黄志千			
	两弹一星	钱三强	钱学森	邓稼先	王淦昌	彭桓武	黄纬禄
		郭永怀	王承书	赵九章		
	纺 织	陈维稷	钱宝钧	费达生		
	电机电信	恽 震	褚应璜	丁舜年	沈尚贤	张钟俊	蒋慰孙
		罗沛霖	张恩虬	叶培大	吴佑寿	王守觉	李志坚
		黄 昆	马祖光	马在田		
改革开放以后的工程师	**航空航天**	陈芳允	杨嘉墀	钱 骥	吴德雨	林华宝
	铁 路	庄心丹				
	水 利	张光斗	黄万里	汪胡桢	张含英	须 恺	高镜莹
		钱 宁	黄文熙	刘光文	冯 寅	潘家铮
	电 力	毛鹤年	蔡昌年			
	印 刷	王 选				
	电 信	夏培肃	慈云桂	陈火旺	支秉彝	

二、图片来源

全书图片提供：

1. 北京全景视觉网络科技股份有限公司

2. 视觉中国集团（Visual China Group）

3. 北京图为媒科技股份有限公司

4. 书格（Shuge.org）

特别说明：

本书可能存在未能联系到版权所有人的图片，兹请见书后与同济大学出版社有限公司联系。

后记

　　2007 年同济大学百年校庆期间，吴启迪教授在为德国出版的《工程师史：一种延续六千年的职业》中文版写序的过程中，翻阅该书，发现中国虽然有众多蜚声世界的工程奇迹，但是在书中却鲜有提及，对于中国工程师则几乎无记载。这深深触动了这位一直关怀工程教育与工程师培养的教育专家。为了提升中国工程师的职业价值与社会威望，让更多年轻人愿意投身工程师的职业，2013 年冬，吴启迪教授经过与专家的沟通、洽谈，到行业走访，确认了《中国工程师史》的出版计划，并得到同济大学出版社的支持。

　　2014 年，同济大学由伍江、江波两位副校长牵头，成立了土木、建筑、交通、电信、水利、机械、环境、航空航天、汽车、生物医药、测绘、材料、冶金、纺织、化工、造纸印刷等 21 个学科小组，分别由李国强、朱绍中、石来德、韩传峰、黄翔峰、刘曙光、钱锋、康琦、张为民、李理光、李淑明、沈海军等老师牵头，并成立北京科技大学、东华大学、华东理工大学等材料编撰小组。历时近一年的时间完成各学科资料的搜集、编撰与审定工作，并在这一过程中通过访谈得到了中国工程院众多院士的指导与帮助。同济大学科研院与同济大学建筑设计研究院对这一阶段工作给予了经费保障。《中国工程师史》也获得了国家出版基金、上海市新闻出版专项基金的支持。

2015 年下半年，组建了以王滨、王昆、周克荣、陆金山、赵泽毓等为主的文稿编撰小组，历时半年多的时间整理并改写出《中国工程师史》样稿。这是一项异常艰难的工作，因为众多史料的缺失，多学科的复杂性，并且缺乏相应的研究基础；很多史料的核对只能以二手资料为基础。在这一过程中，书稿送审至中国工程院徐匡迪院士、殷瑞钰院士、傅志寰院士、陆佑楣院士、项海帆院士、沈祖炎院士等，以及中国科学院郑时龄院士、戴复东院士等。傅志寰院士对于文中的数据逐一查找并多次来电来函指导修改。徐匡迪院士对于图书编写的意义给予重大肯定，并欣然作序，并且提出增加工程教育相关章节。同时出版社组织出版行业专家进行审定，考虑到学科完整性和工程重要性的均衡，对本书内容提出修订和补充意见。上海师范大学邵雍教授带领团队对近代工程师史部分进行增补。

本书编撰及审定过程将近四年，依然存在众多不足。在本书早期编写过程中，编委会共同商定"在世人员暂不列入"的原则。因此在当代工程中有众多做出卓越贡献和科技创新的工程实施或组织者未能在书中一一提及，在此致以最诚挚的歉意。本书编撰过程中借鉴了大量前人研究成果及资料，有疏漏之处还望谅解。抛砖引玉期待能够得到专家学者及读者的指正。也期望未来以此为基础，进行不断修编改进。

正值同济大学 110 周年校庆前夕，期待《中国工程师史》的出版，能够吸引更多青少年投身工程师的职业，并且推动中国工程师职业素养和地位不断提升。

吴启迪

现任同济大学教授、中国工程教育专业认证协会理事长、联合国教科文组织国际工程教育中心主任、国家自然科学基金委管理科学部主任、国家教育咨询委员会委员。曾任同济大学校长、国家教育部副部长。

清华大学本科毕业，后获工程科学硕士学位。在瑞士联邦苏黎世理工学院获工程科学博士学位。主要研究领域为自动控制、电子工程和管理科学与工程。出版专著十余部，发表学术论文百余篇，获国家和省部级科技奖励多项。

图书在版编目（ＣＩＰ）数据

中国工程师史．第一卷，天工开物：古代工匠传统
与工程成就 / 吴启迪主编．－－ 上海 ：同济大学出版社，
2017.12

ISBN 978-7-5608-6435-8

Ⅰ．①中… Ⅱ．①吴… Ⅲ．①工程技术－技术史－中
国－近现代 Ⅳ．① TB-092

中国版本图书馆 CIP 数据核字（2016）第 147331 号

中国工程师史·第一卷
天工开物：古代工匠传统与工程成就
主　　编　吴启迪
出 品 人　华春荣
策划编辑　赵泽毓
责任编辑　赵泽毓
责任校对　徐春莲
整体设计　袁银昌
设计排版　上海袁银昌平面设计工作室　李　静　胡　斌

出版发行　同济大学出版社
网　　址　www.tongjipress.com.cn
地　　址　上海市四平路 1239 号
电　　话　021-65985622
邮　　编　200092
经　　销　全国各地新华书店、网络书店
印　　刷　上海雅昌艺术印刷有限公司
开　　本　787mm×1092mm 1/16
印　　张　12
字　　数　300 000
版　　次　2017 年 12 月第 1 版　2017 年 12 月第 1 次印刷
书　　号　ISBN 978-7-5608-6435-8
定　　价　65.00 元